어쩐지 두근거려요

소심한 여행자의 사심가득 일본여행기

어쩐지 두근거려요

글·그림 쏠트

상상출판

여행 수집의 즐거움

작고 귀엽지만 딱히 쓸모가 없는 자질구레한 것들을 좋아한다. 향기가 나는 지우개나 귀여운 캐릭터가 그려진 주머니 등 어릴 때 모아둔 자질구레한 것들 중에 몇몇은 아직도 집 안 어딘가에 있다(아마 있을 것이다). 어릴 땐 맘에 드는 작은 것들을 사 모으는 수집가를 꿈꾸기도 했지만 한 분야가 아니라 이것저것에 관심이 많은 너저분한 취향 탓에 제대로 시작도 못했다. 정리정돈 능력도 형편없어 물건을 간수하는 일 자체가 서툴렀다.

그래서 어른이 된 후에는 만질 수 있는 물건 대신 머릿속에 있는 작은 기억이나 기분 등을 수집하기로 했다. 딱히 물리적인 공간도 필요 없고, 너저분한 취향도 상관없다. 수집한 기억이나 기분을 이미지와 글로 정리해서 블로그에 차곡차곡 담아두기만 하면 된다.

연고도 없고 아무 관계도 없는 일본 여행을 한 번 두 번 가기 시작한 이유는 그곳에서 작고 귀엽고 자질구레한 것들을 찾는 재미 때문이었다. 크고 화려한 대도시나 조용하고 한적한 소도시 할 거 없이 큰 도로를 살짝 벗어나면 소

박한 골목길에 작은 상점들이 있고 강아지나 고양이가 기다리고 있었다. 그렇게 소박한 풍경을 찾는 데 재미를 붙여 2009년부터 지금까지 짧게는 2박 3일, 길게는 일주일 총 21번의 일본 여행을 떠났다. 그중 일부를 여기에 차곡차곡 정리했다.

일본 영화 〈안경〉에는 작고 조용한 마을로 여행 온 타에코가 그곳의 평범한 하루에 점점 적응하는 내용이 나온다. 동네 사람들을 따라 아침 체조를 하고, 아침밥을 해먹고, 해변에서 바다를 구경하다 빙수를 사먹고, 아무런 일도 일어나지 않는 밤을 보낸다. 특별한 사건 하나 나오지 않지만 이 영화를 보고 '나도 저기 가보고 싶다'하는 생각을 했었다. 어떤 사람의 평범한 일상이 누군가에게는 소소한 재미를 줄 수 있다. 평범한 나의 일본 여행기도 누군가에게 소박한 즐거움을 준다면 정말 행복할 것 같다.

2016년 10월 **쏠트**

Contents

쏠트의 일본 유랑 전도

① 훗카이도
비에이 & 후라노(152p)
비에이 펜션 호시가오카(103p)
아사히카와 아사히야마 동물원(224p)

② 아오모리현
시라카미 산지(252p)
히라카와 세비엔(303p)
히로사키 서양관(168p)
히로사키 푸사오 할아버지네(116p)

③ 미야기현
마쓰시마 이치노보 료칸(81p)
시로이시 우멘반쇼(36p)
자오 코카콜라 공장(192p)

④ 지바현
도쿄 디즈니랜드(238p)

⑤ 도쿄
고우키 씨의 집(86p)
긴자(147p)
도쿄 역 캐릭터 스트리트(219p)
라멘 스트리트(22p)
마치에큐트 & 아트 치요다 3331(134p)
백곰 카페(203p)
북앤베드(76p)
블루보틀(44p)
스미다 공원 & 우에노 공원(128p)
아사쿠사(61p)
야네센(141p)
에도 도쿄 건축박물관(289p)
파크 호텔 도쿄(91p)
패밀리 레스토랑 데니스(29p)

⑥ 가나가와현
가와사키 후지코.F.후지오 뮤지엄(208p)
오다와라 성 & 긴지로 카페(197p)
하코네 베이커리 앤 테이블(65p)

⑦ 야마나시현
야마나시 호우토우후도(36p)
오시노핫카이 &
사이코 이야시노사토 넨바(174p)

⑩ 효고현
고베 기타노이진칸(168p)
기노사키 온천(268p)
다카라즈카 데즈카 오사무 기념관(214p)

⑪ 가가와현
다카마쓰 우동 투어(54p)

⑫ 오카야마현
구라시키 미관지구(277p)

⑬ 히로시마현
도모노우라(309p)
미야지마(262p)
오노미치 고양이 오솔길(233p)
후쿠야마 써니하우스(122p)

⑧ 교토부
금각사 & 은각사(182p)
기요미즈자카(61p)
로쿠로쿠 게스트하우스(108p)
카페 스쿠너(29p)

⑭ 후쿠오카현
컴포트 호텔 하카타(98p)

⑨ 오사카부
신오사카 역 에키마르쉐(16p, 22p)
아베노하루카스 긴테쓰 백화점(49p)

⑮ 오키나와
나하 슈리성(161p)
도카시키 섬 아하렌 마을(227p)
북부 버스투어(298p)

EAT ME

Chapter 1

슈퍼 돼지의 먹부림

감잎 초밥 | 예산 ~¥999 | 추천 ★☆☆

못말리는 도시락 로망,
에키벤

열차 왕국으로 불리는 일본. 덜컹거리는 열차를 타고 떠나는 여행은 언제나 즐겁다. 그리고 일본 열차 여행의 꽃은 열차에서 먹는 도시락, 에키벤(駅売り弁当, 에키우리벤토)이다. 역마다 각 지역의 명물 에키벤을 팔고 있는데 사 먹는 재미가 쏠쏠하다. 음식의 재료나 만드는 방법이 천차만별인데다가 도시락 패키지 디자인도 하나같이 달라 구경하다 보면 시간 가는 줄 모른다. JR 간사이와이드패스로 여행을 했던 4박 5일 동안에는 매일 1시간 이상 열차를 탔다. 여행지에 대한 기대도 물론 있었지만 에키벤을 먹을 수 있다는 사실이 더 신났다.

"4박 5일이니까 갔다가 왔다가 2번씩 8번은 사 먹을 수 있어!"

욕심 부렸지만 끝내 8번은 채우지 못했다. 여행지에서 이것저것 주워 먹고 나니 막상 열차를 탔을 때엔 항상 배가 빵빵했고, 온종일 돌아다녀서 식욕이

사라진 데다 에키벤은 보통 오전에 사 먹는 것 같았다. 그래서 인기 있는 에키벤은 낮에 거의 다 팔리고 저녁엔 선택할 수 있는 폭이 그만큼 좁아졌다.

에키벤은 꼭 기차에서 먹어야 하나 싶은데 기차를 타지 않아도 살 수 있다. 꼭 기차에서 먹으라는 법도 없다. 하지만 역시 기차에서 먹는 에키벤이 가장 즐겁다. 이 기분을 과학적으로 분석하고 논리적으로 설명할 수는 없지만 정말 그렇다.

다양하게 먹어본 에키벤 중에 가장 무난하고 누구에게나 보통 이상의 점수를 받을 수 있을 것 같은 것은 스테이크 에키벤이었다(보통 다른 에키벤보다 살짝 비싸다). 육식주의자에게는 더할 나위 없고, 해산물을 못 먹는 사람에게도 좋은 선택이 된다. 실패할 확률이 낮은 편이다.

신오사카 역에는 에키벤 가게나 라멘집, 만둣집, 스타벅스와 도넛 가게 그리고 서점도 있다. 신칸센이 지나가는 역인 만큼 에키벤 가게가 많았고 에키벤 종류도 다양했다. 첫날은 무난하게 스테이크 에키벤을 먹었다. 따뜻한 도시

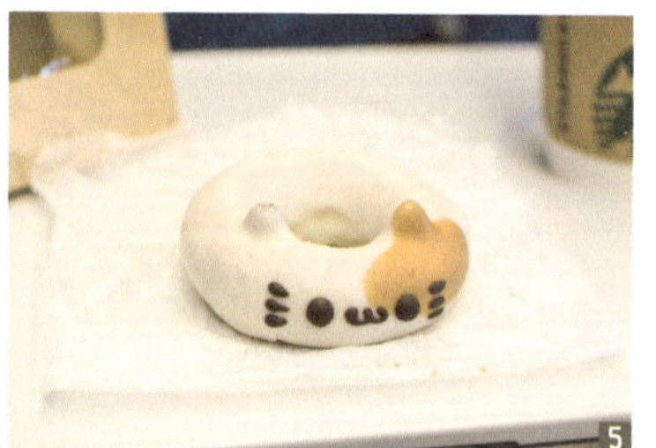

신오사카 역의 먹거리

1 뭘 먹어야 할지 모르겠는 선택장애자들에게 추천하는 스테이크 에키벤
2 에키벤 가게마다 모형이 있으니 일본어를 몰라도 용감하게 골라보자
3 직사각형 상자에 차곡차곡 가지런히 채워진 감잎 초밥의 모습
4 식사로도 간식으로도 한 끼 때우기 좋은 호라이 만두(뜨거울 때 먹어야 맛있다)
5 귀여움이 폭발하는 동물 모양 도넛, 이쿠미마마

락은 아니었지만 날름날름 스테이크를 먹는 재미가 좋았다. 둘째 날은 호라이 만두에서 만두와 삼각김밥을 먹고, 스타벅스에서 따뜻한 커피와 도넛을 먹으며 슈퍼 돼지 인증을 하기도 했다.

마지막 날엔 감잎 초밥에 도전해보기로 했다. 감잎 초밥은 간사이 스타일의 초밥으로 나라 지역 스시의 한 종류다. 스시에는 간사이 스타일과 에도 스타일이 있는데 우리가 익히 아는 밥알 위로 생선이 올라간 스시는 에도 스시로 일종의 패스트푸드라고 본다. 반면에 간사이 스타일의 스시는 원래 생선을 오래 보관하기 위해 염장하여 익힌 곡식과 함께 보관해서 발효시킨 음식이었다. 이후에 상자에 밥을 채우고 생선을 올려 네모나게 눌러 만든 하코즈시(箱ずし, 상자 초밥)로 발전하게 되었고 동일한 모양으로 만들어진 하코즈시는 유통과 판매가 보다 쉬워졌다. 지금도 오사카 지방에서는 유명한 하코즈시집이 명맥을 이어오고 있다. 하코즈시 이외에 간사이 스타일 초밥으로 유명한 것이 바로 나라현의 감잎 초밥(柿の葉寿司, 가키노하즈시)이다.

감이 그려진 녹색 상자에 담긴 5개의 초밥은 모두 살포시 감잎에 싸여 있었다. 보통 감잎 초밥의 생선으로는 고등어, 연어, 도미 등이 사용되는데 '아마

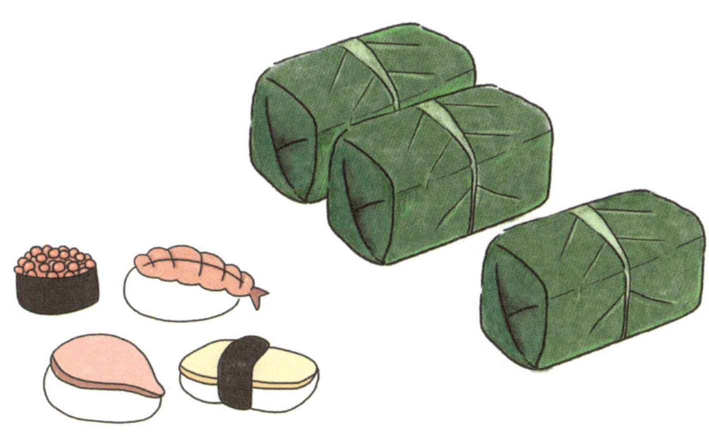

도 고등어겠지'하면서 샀다. 에키벤 내용물은 모두 모형으로 전시되고 있어 일본어를 몰라도 구경하면서 고를 수 있는데 혹시 입에 안 맞으면 어쩌지 싶어 소심하게 작은 사이즈로 샀다.

열차에 올라 감잎 초밥을 꺼냈다. 작은 상자에 딱 맞게 들어찬 모습이 맘에 들었다. 어떻게 이렇게 정확하게 사이즈를 맞추는 것인지 신기했다. 살짝 크게 만들어서 꽉꽉 넣나 하면서 하나를 들었다. 톡 쏘는 식초 향과 비릿한 생선 냄새가 난다(호불호가 강하게 갈릴 냄새였다). 그래도 식초 향이 시큼하면서 달큼해 견딜 만했다.

초밥을 감싼 감잎을 천천히 벗겼다. 감잎의 향이 살짝 남아 있고 초밥은 예상과 달리 꽤 기름졌다. 만져보니 손에 기름이 묻어났다. 새큼한 밥과 고등어는 처음에 비릿함을 모른 채 먹었지만 다음부터는 살짝 비려서 5개를 다 먹는 건 부담스러웠다. 감잎 초밥은 달콤하고 새콤하고 비릿한 태어나서 처음 맛보는 맛이었다.

"입맛엔 안 맞지만 먹어볼 만한 신기한 음식이로다!"

에키벤을 골라보자

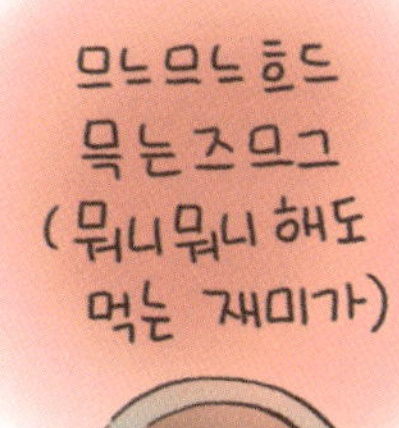

므느므느흐드
묵는즈므그
(뭐니뭐니 해도
먹는 재미가)

신오사카 역처럼 큰 역에는
에키벤 종류도 정말 많아요!
고르는
재미!
구경하는
재미!

하지만 일본어도 모르고
종류가 너무 많아서
더 고민이라면?

1. 음식 모형을 보고 먹고싶은
   비주얼을 고르고
2. 인기랭킹 스티커를
   확인해 봅니다!

인기랭킹 1위
표시를 찾아보아요!
人気ランキング
第1位
랭킹
좋아하는
일본
¥1,150
ステーキ重
← 음식모형

돈코쓰 라멘 생초보의
라멘 도전 스테이지

일본 여행을 자주 가지만 뼛속까지 한국 사람인지라 하루 이틀이면 김치를 그리워하고 있는 스스로를 발견하게 된다.

“일본 음식 맛있잖아~ 어떻게 그래?”
“그러니까 그게 그들만의 느끼함이 있어.
  뭐랄까 밋밋함과 달콤함과 느끼함에서 오는 기분이 있다니까”

그렇다. 정말 그런 게 있다. 어째서 이렇게 정통 한국인 입맛을 자랑하게 되었는지 모를 일이다. 스무 살 초반에는 빵만 먹고 살 수 있을 줄 알았으며, 해외 생활도 전혀 문제없다고 생각했던 나의 오만함이 떠올라 부끄럽다.
일본 라멘도 예외는 아닌데 사람들은 그렇게 맛있다고 칭찬을 해도 나는 일본 라멘을 맛있게 먹어본 적이 거의 없다. 일단 돼지 육수가 진한 돈코쓰 라멘은 힘들다. 돈코쓰 라멘에 입문하지 못한 자, 다른 일본 라멘들은 시작도 할 수

신오사카 역 에키마르쉐 안의 가무쿠라 라멘

없는 것이다. 더구나 한국의 인스턴트 라면에 길들여진 나로서는 일본의 생면 라멘이 부담스러울 때도 있다. 정성을 다해 만들어주는 건 감사하지만 라면이란 자고로 주머니 가벼운 나에겐 저렴한데 든든한 컵라면 이미지랄까. 이런 나지만 수행하듯 여행을 다니다 보니 사람들의 이야기도 많이 듣고, 공부도 하며 나름의 노하우를 쌓는 지경에 이르렀다. 일본 라멘도 더 맛있게 먹는 방법들이 있었다. 첫 관문은 일단 돼지 육수를 넘어서는 일이었다. 이제부터 돈코쓰 라멘에 입문하지 못한 자들을 위한 3단계를 공개하겠다. 이 3단계가 필요한 분이 꼭 있으리라 생각하며 일본 라멘에 도전하러 출발!

오사카 여행에서는 닭 육수를 쓴다는 가무쿠라 라멘을 시도, 당당히 라멘을 즐길 수 있었다. 가무쿠라 라멘은 오사카 유명 라멘집 중 하나다. 지점이 많아 오사카 내에서만 무려 19곳에서 성행 중이라니 그 인기가 실감 난다. 내가 방문한 곳은 신오사카 역 에키마르쉐 지점. 이곳은 아무래도 역 안에 있다 보니 출퇴근 시간의 직장인들이 간단히 라멘을 후루룩 먹는 경우가 많았다. 일부러 출퇴근 시간을 벗어난 애매한 시간에 들어가 이곳의 인기 메뉴인 '오이시 라멘'을 맛보았다.

수수하면서도 정직한 이름 '오이시 라멘(おいしいラーメン)'은 이름 그대로 맛있는 라멘이었다. 돼지 육수가 아닌 닭 육수를 사용한다는 것이 가장 큰 장점이었다. 돼지 육수에 입문하지 못한 자에게 딱 맞는 라멘집이다. 오이시 라멘의 하이라이트는 국물에 잘게 뿌려진 배추다. 배추의 아삭아삭함이 라멘 면발과 함께 씹히면서 신선함을 더한다. 국물에는 기름이 동동 떠 있지만 배추에서 나오는 야채의 향과 즙이 깔끔해 맛이 좋았다.

'드디어 나도 일본 라멘을 맛있게 먹었어! 오이시~'

라멘 초보자의 선택!
1 가무쿠라 라멘의 대표 메뉴 오이시 라멘
2 라멘 스트리트의 도나리 대표 메뉴 탄멘

스테이지 2. 고추기름, 시치미를 적절히 섞는다

나는 왜 일본 라멘이 부담스러운가 하는 질문에 한참 고민한 결과 한국 인스턴트 라면에서 답을 찾을 수 있었다. 한국 인스턴트 라면들은 모두 아주 매콤했다(예를 들면 오징어 짬뽕, 신라면이든지). 그러니 일본 라멘의 매운맛이 부족한 것을 느끼하다고 느꼈을지도 모르겠다. 그래서 고추기름과 시치미가 갖춰진 식당에선 팍팍 쳐서 먹어보기로 했다. 결과는 대만족!

'고추기름과 시치미는 신세계로구나!'

일본 라멘을 즐길 때 보통 두 가지 부류로 나뉘곤 한단다. 그것은 시치미 파와 고추기름 파다. 자기 식대로 프로듀스해서 라멘을 즐길 때 시치미를 뿌리거나 고추기름을 뿌려 먹곤 한다는 것. 어쩐지 라멘집마다 붉은 고추기름이 있거나 시치미 통이 있곤 하더구먼. 시치미는 일본 양념의 하나로 보통 소금, 후추처럼 테이블마다 놓여 있다. 우리로 치면 고춧가루 정도 되려나?

스테이지 3. 탄탄멘을 고른다

탄멘은 원래 중국의 딴딴면에서 변형되었다고 한다. 땅콩기름, 고춧가루, 마늘 등이 들어간 국물이 없는 볶음면 같은 음식인데 일본에서는 크게 변형되어 육수가 들어간 라멘의 일종이 되어버린 것이다. 탄멘을 만드는 라멘집의 맛은 일반 라멘과는 조금 다르게 매콤함과 얼큰함이 있다. 탄멘 전문점이면 좋고, 아니더라도 탄멘 메뉴가 있다면 주요 공략 대상이 된다.

맛있는 라멘집을 한자리에서 만나라는 콘셉트의 도쿄 역 1번가 라멘 스트리트가 있다. 도쿄 역은 지상에도 볼 게 많지만 지하에 내려가면 또 다른 재미

東京タンメン トナリ
タンメン専門
濃厚タンメン
タンメンのイメージを一新した
先に食券を
お買い求めの上、
列にお並びください

가 펼쳐질 수 있다. 도쿄 역 1번가에는 캐릭터 스트리트도 있어 덕후 및 어린이들의 던전이 될 수 있으니 특히 주의해야 한다. 이 외에도 글리코야 키친, 모리나가 제과, 가루비 플러스 3개의 과자 회사들의 안테나숍이 있는데 나 같은 과자 괴물에게는 행복한 지옥이었다.

라멘 스트리트는 이런 함정을 헤치고 나서야 만날 수 있다. 도쿄에서 유명하다는 8개의 라멘 전문점이 분점을 내고 영업 중인데 찍어 먹는 라멘 쓰케멘으로 유명한 로쿠린샤(六厘舍)가 가장 유명한지 라멘 스트리트 홈페이지에 제일 처음 등장한다. 하지만 라멘 맛도 모르는 일본 라멘 초보는 아무거나 먹을 수가 없었다. 고민 고민하다가 고른 게 바로 도나리(トナリ) 탄멘이었다(자포자기한 상태로 골랐는데 그 유명하다는 로쿠린샤에서 운영하는 탄멘집이라네~).

메뉴는 자판기에서 고르면 되는데 닭튀김과 함께 있는 그림을 보고 망설임 없이 골랐다. 일본어를 몰라도 이 세계에는 그림이라는 훌륭한 커뮤니케이션 도구가 있다. 언어를 몰라도 여행의 즐거움을 충분히 즐길 수 있는 것이다.

숙주가 가득 올려진 탄멘은 만족스러운 비주얼이었다. 먹기 전에 기분 좋은 냄새가 났다. 부추, 양배추 등이 가득 들어 있어 시원한 야채 향이 나고 살짝 매콤한 데다 불맛까지 나 느끼함이 덜했다(다만 밖에서 사 먹는 음식인 만큼 짤 수 있으니 주문 전에 덜 짜게 해달라고 하면 좋을 듯싶다).

드디어 나도 일본 라멘의 세계에 조심스럽게 입문했다(야호). 면을 후루룩 먹고 고칼로리 라멘 국물을 벌컥벌컥 들이켜는 날을 맞이한 것이다.

'하지만 슈퍼 돼지는 여기서 더 뚱뚱해지면 곤란한데…'

수상한 입맛

날 생선은 잘 못 먹어요
회 , 초밥 좋아하는 편은
아니에요.
내가 먹을게
뭐가 있냐?
NO

잡히면 집는다!
바다에서 온 분들
좋아하는 편은
아니에요.
NO

일본 라멘 잘 못 먹어요.
특히 돈코쓰라멘
진한 육수
나는 돈코쓰라멘!

대체 일본여행 가면
뭘 먹는 거냐?
그러게

곤약 젤리와
인절미 과자를
좋아합니다

수수한 매력,
서민 양식의 세계

외식문화가 발달한 일본에는 콘셉트나 타깃에 따라 다양한 레스토랑이 있다. 그중에 저렴하면서 다양한 메뉴를 파는 동네 패밀리 레스토랑이 있다. 대표적인 곳이 데니스(Denny's), 가스토(ガスト), 로얄호스트(Royal Host)인데 영업점마다 다르지만 24시간 영업을 하기도 한다. 그래서 아침 메뉴인 모닝세트부터 런치 그리고 디너까지 메뉴를 갖추고 있고 카페처럼 음료만 시키고 시간을 때울 수도 있어 음료 선택의 폭도 넓다.

가장 큰 특징은 아무래도 저렴한 가격대. 브랜드마다 다르지만, 일반적으로 모닝세트가 400~600엔대, 런치가 700~1,000엔, 디너가 1,000~1,500엔이면 먹을 수 있다. 음료 역시 비싸도 500엔 정도면 선택할 수 있다. 한화로 디너가 약 10,000~15,000원 정도로 커버되는 셈이니 우리의 패밀리 레스토랑과 비교하면 꽤 저렴하다.

지난봄에는 도쿄에 갔다. 벚꽃 시즌이라 벚꽃 명소인 리쿠기엔(六義園)을 지인과 함께 찾았는데 작은 정원에 사람이 얼마나 많았는지 터져나가는 줄 알았다. 게다가 폐장 시간을 알렸음에도 나처럼 아쉬움이 많이 남은 관람객들이 발길을 돌리지 못하고 리쿠기엔의 자랑인 커다란 벚나무 앞을 서성거렸다. 겨우 아쉬움을 달래고 나왔을 땐 모든 에너지를 리쿠기엔에 쏟아버렸음을 알게 되었다. 그러자 배가 너무 고파졌다(어쩔 수 없는 슈퍼 돼지의 운명인가).

때는 이미 9시가 훌쩍 넘은 시간, 리쿠기엔 주변을 둘러봤지만 갈 만한 식당이 없었다. 하는 수 없이 가장 가까운 고마고메 역까지 갔다가 역 바로 앞 패밀리 레스토랑 데니스를 발견! 테이블도 씹어 먹을 기세로 힘차게 데니스에 입장했다.

벚꽃 시즌이라 데니스에서도 가만히 있지 않았다. 한정판 메뉴로 한국의 비빔밥풍 함바그를 팔고 있었다. 사이드 메뉴로 빵이나 밥 그리고 후식으로 커피까지 함께 나오는데 각자 1,200엔. 한화로 약 12,000원에 푸짐하고 만족스러운 식사를 할 수 있었다.

소박하지만 치명적인 매력의 패밀리 레스토랑
1 일본 패밀리 레스토랑 중 하나인 가스토
2 가성비 좋은 패밀리 레스토랑의 세트 메뉴
3 데니스의 시즌 한정 메뉴 비빔밥풍 함바그

엄마, 아빠 손을 잡고 처음 패밀리 레스토랑을 가던 날 나에겐 일종의 신세계를 경험했던 추억이 있다. 주차장이 있는 단독 건물 패밀리 레스토랑을 처음 보던 날 얼마나 신기했는지, 1층에 차를 세워두고 올라가면서 두근댔던 기억들이 떠오른다. 처음 보는 메뉴의 이름들이 마냥 신기했었지. 두툼한 함바그가 나왔을 때 그 만족감과 밥 대신 버터 향 나는 빵을 선택하면서 설레었던 기억도 잊을 수가 없다. 이제 한국에서는 그 작은 추억거리들을 떠올릴 곳이 많지 않은데, 일본의 낯선 패밀리 레스토랑에서 그때의 감정을 느끼고 있었다. 우리도 추억이 있는 패밀리 레스토랑들이 몇 군데는 남아주었으면 좋았을 텐데….

프랜차이즈인 패밀리 레스토랑이 동네마다 하나씩 있는 게 장점이라면 동네 맛집 서민 양식당은 그곳 딱 한 군데만 있는 게 매력이다. 한번은 교토 금각사, 료안지 구경을 마치고 료안지에서 아라시야마로 향하던 길에 버스에서 내려 살포시 걸었던 적이 있다. 료안지 앞에서 59번 버스를 타고 야마고에나카초(山越中町)라는 동네에서 내려 그 뒤로는 지도를 보면서 천천히 걸었다.

지도를 보면서 길을 더듬으며 가는데 역시 구글 지도가 있으면 무서울 게 없으니 이게 나오기 전에는 어떻게 여행을 다녔는지 모르겠다. 아라시야마까지 가는 길에 만난 우쿄구 지역은 또 어찌나 귀엽고 아기자기한지 동네 골목길을 걷는 즐거움이 컸다. 갑자기 등장한 커다란 파밭에서 파 향기가 나는 것도 이색적이어서 혼자 파밭 앞에 서서 코를 쿵쿵대기도 했다.

료안지에서 아라시야마로 가는 코스를 짜면서 점심을 먹을 곳은 타베로그를 통해 미리 검색해두었다. 일본인들이 사용하는 맛집 랭킹 사이트 타베로그는 점수를 짜게 주는 일본 사람들 덕분에 평점 3.5점 정도의 식당이라면 꽤 괜찮은 곳으로 여겨진다.

이번에 찾은 곳은 스쿠너(スクーナー, Schooner Cafe)라는 작은 카페였다. 정작 걸어보니 아라시야마에서도, 료안지에서도 거리가 멀어서 여행자가 오기엔 좀 멀다 싶다. 여기서 아라시야마까지 가는 길도 꽤 걸어야 해서 위치로는 추천하기 힘든 곳이지만 소박하고 정갈한 가정식스러운 양식이 충분히 만족스러웠다. 아마 동네 맛집인 듯싶은데 이런 동네 맛집이 있다면 일주일에 한 번은 들르고 싶다.

인테리어는 별다를 것 없다. 신문이나 잡지가 식당 한쪽에 놓여 있는 점이 언뜻 미용실 느낌도 났다. 모닝, 런치, 디너까지 제공하는 이곳은 이 지역 주민들의 사랑을 받는 듯, 내가 식사를 하는 동안에도 동네 사람들이 여러 번 들락날락했다. 주문을 해두고 한참 있다 들어오는 기사 양반이나, 중학생 정도의 딸을 동반한 부부가 오붓하게 식사를 하는 모습도 보았다. 메뉴를 고를까 했더니 주문받던 아주머니가 본인은 영어를 못한다며 주방의 다른 분을 불러낸다. 방글방글 웃으며 나온 다른 아주머니가 메뉴를 천천히 영어로 설명해주셨다. 함바그 스테이크를 비롯해서 오므라이스랑 하와이 음식이라는 메뉴도 있었다. 추천 메뉴는 1번 함바그 세트. 새우튀김도 준다며 자세하게 설명하셨다. 그래서 1번으로 결정!

교토의 동네 맛집 스쿠너

1 커피숍이자 런치, 디너 메뉴를 팔고 있는 아라시야마 스쿠너
2 스쿠너에 들어서면 수수한 테이블과 의자, 손님들을 위해 준비한 신문과 잡지가 보인다
3 직원이 추천한 함바그 세트. 토실한 함바그와 바삭한 새우튀김, 신선한 야채가 만족스러웠다

다 좋았던 이곳의 유일한 단점을 굳이 꼽자면 나무젓가락 하나 덜렁 준다는 것이다. 일본에서는 일반적일지 모르겠지만 한국에서 온 나는 그럴 듯한 함바그 스테이크에 나무젓가락 하나가 좀 아쉽다. 그래도 메뉴가 등장하자마자 아쉬운 기분은 순식간에 사라지고 정성을 다한 샐러드와 함바그 스테이크, 신선한 새우튀김과 그득 담아준 소스에 마음을 빼앗기고 말았다. 포크와 나이프가 없으면 어떠랴. 이건 마치 집에서 엄마가 정성 들여 만들어준 맛있는 함바그 아닌가. 수수하지만 알찬 맛. 상상하고 기대했던 그 맛 그대로였다.

일본의 동네 맛집에는 이런 옛 느낌의 양식당이 꽤 남아 있다. 동네에 콕~ 처박혀 있어 여행자가 찾기에는 애매한 경우가 많은데 찾으려고 마음먹으면 또 찾을 수 있는 곳들이다. 보통 이런 동네 맛집은 최신 유행 인테리어의 화려한 느낌은 없다. 후줄근한 미용실이나 세탁소가 옆에 있거나 심지어 주차 공간이 없는 경우도 많다. 메뉴도 함바그 스테이크나 오므라이스 등 옛 느낌을 고스란히 간직한 것들이 대부분이다. 그런데도 이곳을 찾는 이유는 오로지 그곳에서만 만날 수 있어서다. 남의 동네 탐험하기 좋아하는 나에게는 아직까지 이만한 맛집이 없다.

모든 원인은 배고픔?

배고프면 짐승 출현

다르다면 다른 거야!
고집 있는 지역 명물 음식

미야기현 시로이시의 명물, 우멘이 등장하자 일행은 일제히 카메라를 들이대며 촬영 삼매경에 빠졌다. 그때 갑자기 이 가게의 어르신이 나지막한 목소리로 말씀하셨다.

"소면이 아니라 우멘(うーめん)이라고 해요.
기름을 사용하지 않은 면이기 때문에 빨리 드셔야 해요.
시간이 지나면 맛이 없어집니다. 어서 드세요!"

미야기현의 작은 소도시 시로이시를 찾은 우리는 시로이시의 명물이라는 우멘을 먹으러 온 참이었다. 마침 비가 내려서 뜨끈한 국물이 생각났는데 등장하자마자 김이 모락모락 나는 예쁜(?) 모습이었다. 시로이시의 명물인 우멘은 우리의 소면과 비슷하다. 소면보다는 짧고 조금

굵은 게 특징이다. 여기엔 지극히 효심 깊은 아들의 이야기가 전해진다.

지금으로부터 400여 년 전, 시로이시에 배가 몹시 아파 며칠 동안 식사를 못한 아버지와 그를 수발하던 아들이 있었다. 아버지를 극진히 모시던 아들은 아버지가 어떻게든 식사를 하실 수 있도록 기름을 넣지 않고 밀가루와 소금만으로 반죽한 면을 만들어냈다. 이를 가지고 식사를 준비했는데 아버지는 이 면을 신기하게도 아주 맛있게 드셨다고 한다. 이후 아버지는 이 면을 먹어도 아무 문제가 없는 속이 편한 면이라고 불렀고 이 우멘이 점차 소문이 나 전국적으로 이름이 알려지게 되었다고 한다. 효심 깊은 아들이 시로이시의 명물을 만들어낸 셈이다.

시로이시에는 우멘 가게들이 많은데 우리가 찾은 곳은 우멘반쇼(うーめん番所)라는 전통 식당이었다. 앞쪽과 뒤쪽에 건물이 각각 있었는데, 앞쪽은 수수한 일본 식당의 느낌이, 뒤쪽은 신발을 벗고 앉는 집에서 식사하는 분위기였

시로이시의 명물, 우멘

1 시로이시 우멘 전문점 우멘반쇼
2 기름을 쓰지 않고 만드는 우멘
3 점성 있는 국물, 부드러운 면이 일품

다. 일행이 꽤 많아서 안쪽 공간을 이용했는데 우멘을 제외한 나머지 음식들
이 정갈하게 준비되어 있었다. 누군가 일식은 눈으로 먹는다고 하더니만, 우
멘이 나오기 전 미리 등장한 튀김과 예쁜 애피타이저가 보는 즐거움을 더했
다. 닭다리도 계란말이도 어쩜 이렇게 예쁘게 준비된 걸까? 컵에 든 분홍색
음료는 검은 쌀로 만든 감주로 먹어보니 달달한 식혜 맛이 났다. 뒤이어 메인
인 우멘이 등장했다. 우멘은 면이 짧고 뚝뚝 잘 끊어졌다. 국물은 점성이 있
어 걸쭉한 느낌으로 비 오는 날 한 그릇 뚝딱 비우기 좋았다. 한참 소면 이야
기를 했는데 주인 어르신이 다시 한 번 말씀하셨다.

"소면이 아니라 우멘입니다!"

시로이시에 우멘이 있다면 도쿄에서 가까운 야
마나시현에는 호우토우(ほうとう)라는 향토 요리
가 있다. 냄비에 다시 물과 호박을 비롯한 제철 채
소를 듬뿍 넣고 끓여 국물을 내는데 거기에 밀가루
로 넓적하게 만들어낸 히라우치(平打)면을 넣고 끓여
완성한다. 호우토우는 싱싱한 채소와 일본식 된장이 한데 어우러진 맛이 포
인트다.

한국인인 내게는 아무리 봐도 그냥 야채 칼국수인데, 일본 사람들이 보기엔
우동이란다. 어떤 리뷰에서는 주문할 때 '우동 5그릇이요'했더니 '우리 집에
우동은 없다'며 매몰차게 대했다는 내용이 있었다. 만드는 사람이 다르다면
뭐, 따라야지 별수 있나.

길가에 덜렁 자리한 우주선 같이 생긴 독특한 외관을 자랑하는 호우토우 가
게로 들어섰다. 둥글고 커다란 내부는 소리를 내면 웅웅~ 울린다. 재미난 것
은 야마나시현 몇 군데에 지점이 있는데 우리가 찾은 히가시코이 지점만 우

호우토우 전문점, 호우토우후도

1 음산한 하늘 아래 우주선이 내려앉은 모습의 호우토우후도의 모습
2 뻥~ 뚫린 내부는 큰 소리를 내면 울리는 독특한 공간이다
3 두꺼운 철 냄비에 나온 음식은 천천히 먹어도 식지 않는다

주선 모양이고 다른 지점들은 노포 느낌의 목재 인테리어다.

이곳에서 만들어내는 호우토우는 나 같은 외지인들에게는 생소하지만 지역 명물로 꽤 유명하다고 한다. 특히 이곳은 줄을 서서 기다렸다가 먹어야 하는 경우가 많고, 멀리서도 호우토우를 먹으러 일부러 찾아오기도 한단다.

호우토우는 채소의 담백함과 일본 된장 육수의 고소함이 별미였다. 비 오는 날 뜨거운 국물을 후후 불어가며 먹기에 좋았다. 칼국수보다 면발이 굵어 씹는 맛과 배추를 비롯한 채소를 풍성히 즐길 수 있었다. 단호박도 들어가 있어 살살 녹여 먹으면 단맛과 어우러지는 면발을 느낄 수 있다. 양이 꽤 많지만 솥이 크고 뜨거워 다 먹을 때까지 식지 않았다.

때때로 여행하며 지역의 명물 음식을 먹을 때면 감동하는 부분이 있다. 바로 지역 주민들이 향토 음식에 자부심을 가지고 지켜가는 모습이다.

'맛있는 음식에 자부심이라… 이거 왠지 부러운데~'

여행의 친구,
자판기 캔커피

한국에서는 자판기로 뭘 사 먹은 적이 없는데 이상하게 일본 여행만 하면 자판기에 끌린다. 왜냐면 골목마다 자판기가 있는데 깨끗하고 종류도 무척 많아서 왠지 앞에 서고 싶고, 왠지 고르고 싶고, 왠지 구경하고 싶고… 그렇다.

일본의 길바닥에서 자판기에 흥미를 갖게 된 건 다름 아닌 쓰레기통 때문이다. 쓰레기통과 자판기가 무슨 상관이 있냐고 물으신다면 사연은 이렇다.

그러니까 첫 일본 여행이었던 도쿄의 어느 골목길, 쓰레기가 생기면 바로 버리고 싶은 한국인인 나는 길바닥에서 쓰레기통을 찾았지만, 어디에도 쓰레기통이 없었다. 일본 여행 때마다 다운타운이나 아니면 조용한 골목이거나 상관없이 쓰레기통이 보이지 않아 당황했다(그런데도 신기하게 길에는 떨어진 쓰레기가 거의 없다). 편의점 주변을 어슬렁거려도 마찬가지였다. 우리는 편의점이나 슈퍼 혹은 버스 정류장에 쓰레기통이 있기 마련인데 일본에서는 찾지 못했다. 소도시로 들어가면 버스 정류장도 표시 하나만 딱~ 하고 서 있는지라 아예 버스 정류장인지 모르고 지나치는 경우도 많았으니 쓰레기통까지 있을 리가 없지 싶었다. 그런데 딱 한 군데 쓰레기통 비스무리하게 생긴 게 있는 것이다. 바로 자판기 옆. 자판기 옆에는 항상 큰 동그라미 구멍 하나, 그것보다 작은 동그라미 구멍 하나가 뚫린 통이 서 있었다. '자판기 옆에 있는 통이니 분명히 이 통은 페트병과 캔 수거를 위한 것이리라'라고 짐작했는데 역시 맞았다. 안을 자세히 들여다보니 빈 캔과 페트병이 들어 있었다. 그런데 이 친구가 쓰레기통처럼 생겨서 자꾸 유혹하는 느낌이다.

'나 쓰레기통처럼 생겼지? 아무거나 막 버려도 될 거 같지?'

남의 나라에서 쓰레기를 아무 데나 버리는 외국인 여행자가 되지 않기 위해 유혹을 피해 자판기를 바라본 순간, 자판기의 다양한 커피들을 발견하고 순식간에 자판기 캔커피와 사랑에 빠지게 되었다.

캔커피는 사실 편의점에서도 팔고, 슈퍼에서도 팔고 다 판다. 흔하디흔한 캔커피지만 자판기에 들어 있어 소중하다. 내가 있던 그곳에 그 자판기가 서 있어줬기 때문이다. 땀이 비처럼 쏟아지는 더운 날이나 손가락이 떨어져 나갈 것 같은 추운 날 여행을 하게 될 때 그리고 아무리 즐거운 여행이라도 기운이 딸리거나 피곤할 때 바로 그때 자판기를 발견하면 그렇게 기쁠 수가! 자판기 캔커피의 최고 매력은 바로 적절한 타이밍이다. 게다가 가격은 또 얼마나 맘에 드는지. 허름한 카페라도 들어간다면 300엔은 가뿐히 넘을 커피지만, 캔커피는 120엔 정도면 손에 넣을 수 있다. 2009년 처음 도쿄 여행을 할 때도 100엔에 캔커피를 사 먹은 듯한데 지금도 비슷한 가격을 유지하는 걸 보면 참 고맙다. 한 골목만 돌면 나오는 일본 골목길 자판기야말로 여행자의 소중한 친구다.

자판기 캔커피와 첫만남

자판기 커피는
여행 필수품 입니다
BLA

헤이!
무슨 고민 있어?
있어?

하~ 유혹하지마~
너네가 쓰레기통이
아니라는 건 알고있어
오~
용케도 알았네
PET
CAN

그럼
커피 한캔
할래?
큭

오! 그래
커피캔은 마시고
버릴수 있잖아!
길거리에서
쉽게 유혹당하는
타입 →

바쁜 도쿄,
느리게 마시는 드립커피

도쿄는 참 부지런한 인상이다. 매일 뭘 그렇게도 하는지 다들 바쁘고 정신이 없다. 대도시의 분주함은 어디나 비슷하지만 유난히 도쿄는 더 부지런한 것 같은 느낌인데(심지어 나는 한국 사람인데 말이다) 나만 그런 게 아니었다. 타이베이에서 만난 중국계 미국 친구는 타이베이에 있기 전에 도쿄에서 일주일간 보내면서 일본 사람들의 분주한 모습이 너무 인상적이었다고 했다. 그러면서 동영상을 여러 개 보여줬는데 하나가 야마노테선으로 보이는 열차의 역에서 찍은 영상이었다. 도착한 열차에서는 우르르 사람들이 쏟아져 나오고, 플랫폼에서는 우르르 타려고 아우성이었는데 서울 지옥철을 경험한 나도 좀 충격이었다.

이런 일본이 2020올림픽을 앞두고 더욱 바빠졌다. 그중에서 도쿄는 가장 바빠 보인다. 호텔을 비롯한 숙소들을 계속 보강하고 있고, 버스 터미널을 비롯한 공공시설과 상업시설들을 리뉴얼하거나 새로 만들고 있다. 올봄 도쿄에 들렀을 때 긴자에는 도큐플라자 긴자가, 신주쿠에는 뉴우먼이라는 대형 복합

상업시설이 문을 열었다. 특히 도큐플라자 긴자는 롯데면세점이 들어서서 한국에도 뉴스에 많이 나왔었고, 신주쿠의 뉴우먼은 고속 버스 터미널 '비스타 신주쿠'가 오픈하면서 덩달아 일본 뉴스에 많이 등장했다.

정신없고 복잡한 신주쿠에는 흥미가 없지만, 도쿄 여행 마지막 날 마침 새로 생겼다는 뉴우먼에 들러보기로 했다. 이곳에 블루보틀이 있다니 커피나 한 잔 마시고 공항으로 갈 참이었다. 샌프란시스코의 작은 커피 브랜드 블루보틀은 볶은 지 48시간 이내의 커피콩을 주문하는 즉시 갈아서 핸드드립으로 내려 유명해진 커피 전문점이다. 아시아에서는 도쿄에 처음으로 문을 열었고 커피를 좋아하는 한국 여행자들 사이에서는 이미 유명하다. 드립커피를 좋아하지 않는 나조차도 유명하다는 얘기에 대체 어떤 맛일까 하는 호기심이 생겼다.

커피를 만들고 있는 매장의 중앙. 직원들이 일하는 공간이 넓어서 좋아보인다

블루보틀 매장은 1층. 손님들이 나란히 서 있는 줄 맨 뒤에 서 있다가 내 차례
가 되자 핸드드립 커피를 한 잔 주문했다. 이곳 블루보틀 매장은 정말 커피를
마시기에 최적화되어 있다. 스타벅스처럼 죽치고 앉아 있을 수가 없고 오로지
커피만 음미해야 할 것 같은 느낌의 매장이다. 서서 혹은 높은 의자에 앉아서
커피와 나 단둘이 무엇인가 결투를 벌여야 하는 시간인 거다. 드립커피는 나
오는 데도 시간이 걸린다. 결투 상대를 보기도 전에 조금 진 듯한 기분이다.

블루보틀의 랜드마크이기도 한 '커피를 만드는 곳'은 매장의 중앙. 그곳을 중
심으로 한쪽에는 상품 진열을 해두었고 그 외의 공간에 테이블이나 의자가
놓여 에스프레소 기계로 커피를 만들거나 핸드드립을 내리는 모습을 볼 수
있다. 내 커피는 누가 만들고 있나 싶어서 쳐다보니 눈에 들어오는 드립을 내
리는 여자 직원 한 분. 저 분이 내 커피도 만들어주겠지 하며 바라보았다. 그
사이 커피콩을 갈던 다른 직원은 정해진 양의 커피를 정확히 재서 드립을 내

블루보틀 신주쿠점
1 정확한 양의 커피 가루를 받은 직원이 핸드드립하는 모습을 지켜보았다
2 한참을 기다려서 받은 귀한 드립커피의 자태
3 블루보틀 로고

리는 직원에게 건넨다. 드립을 내리는 직원은
찻잔에 뜨거운 물을 부어놓고 커피를 내릴
깔때기에 여과지를 넣은 뒤 커피 가루를 쏟
아놓는다. 그리고 호리호리한 곳에 물이 쪼
르르 나오는 주전자로 뜨거운 물을 크게 원을
그리며 천천히 붓는다.

이렇게 집중하면서 커피를 내리는 모습은 본 적이 없었다. 그걸 가만히 지켜
보다가 기분이 좋아졌다. 방금 오랜 시간 정성을 다해서 내렸던 그 커피가 바
로 내 커피였기 때문이다. 커피가 나오면 이름을 불러준다고 해서 그냥 A라
고 해달라고 했더니 'A상~'하면서 불러준다.

커피의 맛이 어땠냐면, 커피 맛이다. 살짝 탄 맛의 에스프레소 커피를 좋아
하는 나는 커피의 맛을 잘 모른다. 단순히 신맛이 도는 아프리카 계열 커피를
좋아하지 않고, 남아메리카 커피를 좋아한다. 커피 메뉴 중에 콜롬비아 수프
리모가 있다면 항상 그것을 주문한다. 이 커피는 맛있는가? 확실한 건 산미
가 적당히 있다. 이 커피는 분명 산미를 즐기는 사람들에게 인기가 많을 것이
다. 그리고 또…? 무엇보다 이 커피를 만드는 과정을 내가 지켜보고 있었기
때문에, 그녀가 이 커피에 어떤 정성을 들였는지 내가 봤기 때문인지 맛있었
다. 커피콩을 갈아주는 과정, 정확히 무게를 재던 모습, 그리고 원을 그리며
뜨거운 물을 부어 커피를 천천히 내리던 모습을 지켜보았다. 그리고 받아든
커피는 맛이 없을 수가 없다.

블루보틀

대체 그게 뭔데 이렇게 인기있는거야? 난 안갈거야!
뭔가 특별한게 있는걸까?
안궁금해
궁금애

줄이 왜 이렇게 긴거야? 맛없으면 죽었어!
← 기다리다 지치는 타입

뭘 그렇게 정성을 다하세요?
← 기다리다 좌절하는 타입

졌다 졌어. 맛있는 커피라고 하자.
기다리다 지침 →

남들가는데 가고싶고 남들 먹는 거 먹고 싶고 하나도 특별 한게 없잖아!

대환영~
홋카이도 물산전

우리처럼 일본도 백화점이나 대형 쇼핑센터의 이벤트관에 행사가 많다. 여행 중에 백화점 구경하기를 좋아하는 나는 종종 홋카이도를 주제로 한 이벤트에 사람들이 몰리는 경우를 자주 보았다. 사람들이 북적북적 많아서 무슨 일이지 하고 가서 보면 OO 물산전, 혹은 OO 지역전이 열려 있는데 그중에서도 홋카이도 물산전은 굉장했다.

여행자인 나에게도 도쿄나 오사카에서 홋카이도 물산전을 만나면 땡잡은 것 같은 기분이 든다. 홋카이도에 가지 않아도 홋카이도의 맛있는 음식들을 맛보며 명물을 구할 수 있기 때문이다. 이러한 대형 백화점의 기획전은 기획자들이 밤낮으로 시장 조사를 하고 직접 제품 원산지를 탐방하며 검증된 상품들로 행사를 꾸리기 때문에 고객들의 만족도가 높은 편이라고 한다.

오사카 여행 마지막 날, 덴노지 역에 내려 신세카이를 갈까 말까 하며 이리저리 방황하고 있던 찰나 눈앞의 거대 건물을 발견했다. 아베노하루카스라는 빌딩이었다. 2014년 기준으로 일본에서 가장 높은 건물로 알려졌는데, 철도 부자 긴테쓰 철도에서 지은 크고 화려한 지하 5층 지상 60층 건물이다. 연관검색어에는 무려 돈지랄이라는 단어가 있었다(무섭다). 전망대에서는 오사카 전역이 보인다는데 전망대 입장료가 무려 1,500엔이었다. 마침 런치타임 시간이어서 이 가격이면 차라리 런치세트를 먹을까 하는 슈퍼 돼지의 기운이 발동했다. 순순히 전망대를 포기하고 동양정의 함바그 스테이크 런치를 선택했는데 결과는 대만족! 너무 맛있다~

잔뜩 부른 배를 두들기며 건물을 둘러보다가 사람이 북적북적한 곳을 발견했다. 아무리 일본어 까막눈에 한자 실력이 형편없다 해도 홋카이도의 저 선명한 北海道는 알아본다.

'오호라! 홋카이도 물산전이로구나!'

홋카이도 여행을 다녀온 사람이라면 잊지 못할 홋카이도의 맛이 있다. 오사카 한복판에서 홋카이도의 맛을 만나는 즐거움이란. 현지인에게도 인기가 대단했는데 여유로웠던 이 건물에 사람들이 다 여기로 왔는지 바글바글했다.

기획자가 엄선한 롯카이도의 명물들
1 빠른 속도로 팔려나간 스테이크 도시락
2 홋카이도의 게는 크고 실해서 언제나 인기가 많다

앞사람이 움직이는 대로 한 걸음 한 걸음 천천히 가야 해서 조금 답답했지만, 여긴 어디? 홋카이도 물산전이니까 조금 참기로 한다.

홋카이도 하면 제일 먼저 털게, 새우를 비롯한 해산물이 생각나는데 뜻밖에도 고기가 인기였다. 두툼한 쇠고기 스테이크를 구워서 밥 위에 올려 만든 인기 만점 도시락은 내놓는 즉시 사람들이 가져갔다. 가격도 비교적 저렴한 편이어서 금방 임자를 만났다. 그래도 역시 홋카이도 하면 털게. 가격은 사악했지만 홋카이도의 해산물은 신선하다는 이미지가 있어서 잘 나갔다(정말 맛있다는 이야기를 나도 많이 듣기도 했다). 성게와 연어 알이 보석처럼 올라간 해산물 덮밥의 반응 역시 폭발적이었는데 구경하는 것만으로도 행복해졌다.

홋카이도 음식의 대표 주자 우유와 유제품도 빼놓을 수 없다. 함께 여행을 했던 친한 지인은 길 가다가 北海道 글자만 봐도 매번 사 먹자고 했었다.

그도 그럴 것이 홋카이도산 소프트아이스크림과 푸딩은 정말 맛있다. 병에
든 작은 우유나 푸딩은 하루 판매량이 어마어마하다고 한다. 하긴, 나도 사
먹었으니. 한쪽에선 하코다테의 디저트도 즉석에서 만들어 굽고 있었다. 냄
새가 심상치 않았다. 가까스로 유혹을 떨쳐내며 슈퍼 돼지 타이틀을 벗어나
려고 했다. 그렇게 오사카를 온종일 휩쓸었던 하루 중 가장 기억에 남았던 것
은 역시나 홋카이도 물산전이었다. 맛의 강렬한 유혹은 시간과 공간을 뛰어
넘는 힘이 있다.

"아~ 홋카이도 가고 싶어라"

홋카이도 학습 효과

北海道
캬! 홋카이도 발견!
홋카이도 좋아하는 지인

홋카이도에서 왔나보요! 분명 맛있을거야!
HOKKAIDO ICE CREAM
北海道 MILK

이상하네 ~ 왜 근침이 돌고 설레는 거지?

백화점 행사장
北海道
홋카이도 글자만 보도? 이것은 학습 효과? 배고파졌어~

맛있는 걸 알려주는 분은 역시 좋은 분이셔~

버스 타고
다카마쓰 우동 투어

혼자 떠나면 무섭다는 사람, 혼자는 외롭다는 사람, 그리고 혼자 여행 가면 대체 뭘 하냐고 묻는 사람 등등 '나 홀로 여행'을 떠난다고 하면 걱정해주시는 분들이 많다. 그리고 마지막 말은 대부분 이렇다.

"대단하세요~ 전 못할 거 같아요~"

혼자 여행을 가서 대단하다는 건지, 친구도 없는데 떠난다는 용기가 대단하다는 건지 알 수 없는 나는 뭐랄까 비뚤어진 뾰족한 마음이 올라오면서 쓸데없이 울컥하기도 한다.

'그럼 같이 가주든가!'

나 홀로 여행은 대단하지도, 못할 짓도 아니다. 그저 함께 떠날 사람은 없는

우동버스의 모습과 티켓

데 어딘가는 가고 싶고 동행이 생길 때까지 못 참겠으면 무작정 나 홀로 여행을 계획하면 된다. 나 홀로 여행자에게 딱 맞는 여행이 일본 여행이다. 혼자 밥 먹는 사람들이 가득하고, 서로에게 폐가 되고 싶지 않다며 길 가다가도 조심하는 사람들이 일본 사람들이다. 정이 없다거나 속마음을 모르겠다고 하는 사람들도 더러 있지만, 일본에 가서 살 것도 아니고 길어봐야 일주일 여행하면서 지나치는 일본 사람들의 속마음을 속속들이 알아서 뭐하겠는가? 어차피 내 마음도 모르는데.

나 홀로 일본 여행이 아무래도 고민된다면 지역마다 제공하는 버스 투어를 추천한다. 길 찾기의 두려움, 혼자 여행하는 두려움, 코스짜기의 두려움을 몽땅 해결해주는 핵이익 여행을 즐길 수 있다. 특히 대중교통 이용이 불편한 관광지의 경우 렌터카 여행을 못 하는 여행자를 위해 버스 투어를 만들어둔 경우가 있는데 이 버스 투어들이 상당히 괜찮다. 그중 하나가 다카마쓰 '우동버스 투어'다. 다카마쓰가 있는 가가와현은 사누키 우동의 본고장으로 오직 우동을 맛보러 떠나는 우동 여행 코스를 개발, 다카마쓰 우동버스를 만들었다 (우동 택시도 있다). 아, 사누키 우동 이름은 들어봤는데 어떤 우동이냐고 물어보신다면 초딩입맛인 나는 이렇게 대답하겠다.

나처럼 맛을 모르는 분이라도 사누키 우동의 쫄깃함은 느끼리라 싶다. 가가와현은 스스로 '우동현'이라고 불러달라고 할 만큼 우동에 대한 자부심이 하늘을 찌르는 곳이다. 그런데 그도 그럴 것이 가가와현의 제법 큰 도시 다카마쓰만 해도 도심을 조금 벗어나면 논과 밭이 펼쳐지는 시골이었던 거다. 내로라하는 명소나 엄청난 화려함은 없지만 우동 하나는 기가 막히니 우동을 전면으로 내세울 만하다.

푸근한 우동버스 투어 가이드 언니의 목소리를 들으며 우동버스를 탔다. 주말이면 조금 붐빈다는데 평일 오후 코스라 사람이 없어서 나까지 총 네 명이 큰 버스를 다 차지했다. 두 명은 일본인 노부부로 꽁냥꽁냥하며 어찌나 즐거우신지 귀여움을 가득 발산하고 계셨다. 홋카이도에서 오신 듯했고 시코쿠 여행을 왔다며 가이드 언니와 농담을 주고받으며 엄청 즐거워했는데 정말 알아듣고 싶은 대화였다. 그야말로 신난 사람 옆에서 부러워하는 외톨이 신세. 그리고 나머지 한 명은 시코쿠에 사는 남자 분이었는데 말없이 근엄한 표정으로 여행을 즐기는 모습이었다.

우동버스는 외국인이 제법 타는지 한국어 이외에도 영어나 중국어 안내문도 갖추고 있었다. 우리도 명동에 온 중국인과 일본인을 구별하는 것처럼 이들도 내가 한국인인 걸 구별하는지 한국어 안내문을 준다. 거기에는 기절초풍할 번역이 가득했다. '솥튀김 우동'이나 '솥옥 우동' 같은 생소하고, 보기만 해도 마치 이가 부러질 것 같은 우동 이름들이 있었다. 우동을 주문하는 방법도 친절히 설명해두었는데 번역이 '지불해'라든지 '정돈되어라'라고 명령조로 쓰여 있어서 조금 무서웠다.

우동버스가 다카마쓰 역을 출발해 첫 번째 우동집으로 가는 동안 시골풍경이 펼쳐진다. 우동이 유명하다 하지만 우동집은 이곳저곳에 떨어져 있어 이동

우동버스 타고 떠난 우동 투어의 이모저모

1 반말도 서슴지 않는 무시무시한 한국어 안내
2 가지런히 등장한 모양도 예쁜 야마다야의 우동
3 파와 김, 튀김가루와 계란 노른자를 기호에 맞게 올리고 소스를 부어 먹는다
4 우동집 화장실에서 나오다가 풍경이 너무 멋져서 잠시 감상

우동버스 투어 코스에 포함된 리쓰린 공원

호잇!
최고!
수줍~
회!
꽉-
츄릅
여기~
DUTY FREE
CARD
MILK

카카~
오?
덩실덩실
하-
캬아~
크엉~
후-
ラーメン
wifi

시간이 꽤 걸린다. 우리 같으면 다닥다닥 붙어서 원조 경쟁을 했을 텐데 이곳
은 우동집이 저마다의 위치에서 메뉴를 개발하고 명맥을 이어가고 있는 모습
이 신선했다.

투어마다 우동집이 다른데 '나카니시 우동집'과 '야마다야 우동집'에 들렀다.
나카니시 우동집은 고속도로 휴게소를 들르는 캐주얼한 기분이었고, 야마다
야 우동집은 정갈한 일본식 주택에서 정원을 바라보며 먹는 우동집이었다.
두 집 모두 우동의 본고장이라 할 만한 기막힌 면발을 내놓았다.

우동 투어는 편리한 교통편과 가이드의 친절한 설명, 혼자가 아닌 여럿이서
같은 우동을 먹는 재미를 즐길 수 있어 나 홀로 여행자에게 좋은 선택이었다.
가격 대비 만족도가 높고 일본어를 못해도 안내문을 제공하기 때문에 불편하
지 않다. 더불어 사누키 우동의 쫄깃한 면발이 그 모든 단점을 잊게 한다.

"나 홀로 여행을 떠나도 이렇게 깨알 같이 즐길 수 있어요!"

청개구리 여행자 1

나 휴가 받을 수 있어!
이번엔 어디 갈거야?
미안~ 이번엔 혼자가고 싶어

에잇!
같이올 걸
후~
사무치는 외로움 →

완전 재미있을거야!
같이가자~
음…
휴가 못낼거 같은데

혼자 올걸 그랬어!
빨리와!
배고프다!
업어줘라!

이런 제가
저도 싫습니다!

일본 전통 과자 속 단팥,
앙~

일본의 관광지 주변 거리에서는 다양한 전통 과자를 파는데 도쿄 아사쿠사의 나카미세도리(仲見世通り)가 그중 하나다. 아사쿠사 센소지의 가미나리몬에서 호조몬까지 약 250m에 걸친 이 길엔 전통 간식과 기념품 가게를 비롯한 100여 개의 상점들이 옹기종기 모여 있다. 들어서자마자 커다란 기계에서 쉴 틈 없이 과자를 만들어내는 닌교야키집이 보인다. 생산에서 포장까지의 전 과정을 구경하는 재미도 있다. 우리로 치면 풀빵 같은 이 닌교야키(人形燒)는 포실한 빵 안에 단팥이 들어간 간식이다.

한편 교토에는 삼각형 모양의 떡이 유명하다. 야쓰하시(八ツ橋)라고 불리는 이 간식은 만두 같기도 하고, 이탈리아 파스타의 한 종류인 라비올리 같기도 한데 떡 안에 팥소를 넣은 교토 명물이다. 팥이 들어간 야쓰하시가 일반적이지만 딸기 맛, 녹차 맛, 계피 맛 등으로 다양하게 진화한 게

특징이다. 청수사를 오르는 길인 기요미즈자카에는 다양한 야쓰하시를 만날 수 있다. 그래도 야쓰하시의 기본은 팥소다. 전통 과자는 역시 팥을 빼놓고 생각할 수 없다. 단맛을 내는 설탕이 널리 쓰이게 된 건 에도 시대 이후여서 일반적으로는 전통 간식은 팥을 이용한 게 많다. 지금도 단팥을 별로 좋아하진 않지만 어릴 때는 아예 싫어했다. 팥이 들어간 풀빵은 할머니들이나 먹는 간식이라고 생각했고, 단팥죽을 생각하면 할머니가 떠올랐다. 하지만 팥을 이용한 고급 와가시 중에는 달지 않고 은은하게 맛있는 간식들도 있었다. 한번은 도쿄의 한 카페에서 말차와 단팥이 가득 들어간 티라미스 스타일의 비싼 디저트를 분위기에 휩쓸려 먹었는데 단팥이 정말 맛있구나 하고 생각한 적도 있다.

2015년 한국에서도 개봉했던 영화 〈앙 : 단팥 인생 이야기〉에는 단팥을 기막히게 만드는 도쿠에 할머니가 나온다. 이름을 외우고 있는 몇 안 되는 일본 배우 중 하나인 기키 기린 할머니가 이 도쿠에를 연기해서 보게 되었는데 사실 영화 제목이 너무 그럴싸하다고 생각했다. 앙이라는 단어가 앙~ 하고 애교를 부리는 것처럼 발음도 귀엽고 여운도 있는데, 게다가 단팥 인생이라니 달달하고, 향긋한 팥의 기운이 느껴져서 영화를 보기 전부터 맘에 들어버렸다.

도쿠에 할머니는 산책길에 도라야키를 파는 작은 가게 '도라하루'에서 아르바이트를 모집하는 걸 보고 조심스레 쪽지를 쓴다. 하지만 차마 사장님에겐 못 전하고 가게에 있던 여고생에게 부탁하는데, 사장은 나이가 많고 손이 불편한 할머니를 거절하고 만다. 그 후에 할머니가 두고 간 단팥을 맛본 사장은 깜짝 놀란다. 안 그래도 도라야키의 핵심인 단팥이 맘에 들지 않던 차였다. 공장에서 대량생산해 가게에 배달된 단팥과 할머니가 직접 만든 단팥은 차원이 다른 맛이었다.

영화를 보면서 '저도 도라야키 한 입만~'을 속으로 몇 번이고 되뇌었다. 이 영화를 위해 감독은 팥이 어디서 심어지고, 어떻게 가공되어 단팥이 되는지 팥

달콤한 단팥이 들어 있는 전통 과자를 맛보자

1 도쿄 아사쿠사 나카미세도리 닌교야키 가게
2 닌교야키는 따뜻할 때 먹으면 더욱 맛있다
3 교토의 명물, 야쓰하시. 팥을 비롯한 다양한 소가 들어 있다
4 언제나 북적북적 인기 많은 나카미세도리

의 여정을 일일이 체험했다고 한다. 주인공 도쿠에 할머니를 연기한 기키 기린에게 감독이 팥밭에 들렀다가 챙겨두었던 팥알을 건네며 '먼 길을 온 팥이에요'라며 전해주기도 했단다.

지금은 팥 통조림을 팔아서 집에서 고생하며 팥을 쑤지 않아도 손쉽게 팥을 구할 수 있다. 양갱을 만들 때 쓰는 팥소도 팔고, 빙수에 넣어 먹는 단팥도 판다. 일본 슈퍼마켓에는 단팥 음료도 팔고, 3분 요리처럼 데워 먹는 팥 국물 같은 것도 판다. 하지만 직접 손으로 쑨 팥을 먹어본 사람들은 그 맛을 알 것이다. 가공되어 나온 단팥의 강한 단맛이 아니라 은은하고 달달한 그 단팥의 맛을 말이다.

행복해지는
빵 냄새

      빵덕후인 나는 빵이 나오는 영화나 드라마를 좋아한다. 그럴 듯한 빵이 주인공으로 나오는 영화 중에 〈해피해피 브레드〉라는 이름마저 사랑스러운 영화가 있다. 영화를 보고 내친 김에 책도 사서 읽었는데 책에는 이런 멋진 말이 쓰여 있었다.

      "좋아하는 것을 모아놓으면 좋아하는 사람들이 모여든대요"

      〈해피해피 브레드〉의 두 주인공은 도쿄 생활에 지쳐 홋카이도에 카페를 만든다. 카페 이름은 마니. 동화책에서 따온 이름으로 한적하고 어여쁜 시골 마을에서 아름다운 사람들이 함께 꾸려가는 카페다. 아침 일찍 빵을 굽고 예쁘게 빵을 내놓으면 마음씨 좋은 사람들이 빵을 먹으러 온다. 이야기는 내내 평온하고 잔잔해서 자칫하다가는 졸음이 오기 십상이지만 그런데도 보게 되는 이유는 기분 좋은 빵과 천천히 살아가는 사람들을 볼 수 있기 때문이었다.

하코네 베이커리 앤 테이블

1 아시노코가 보이는 2층엔 외국인들이 많아 마치 유럽에 온 듯한 기분

2 빵 종류가 많아 고르는 재미가 있다. 인기 많은 후지산 모양의 빵

3 빵을 받고 2층으로 올라가면 음료를 주문하고 천천히 즐길 수 있다

4 1층 테라스에는 족욕 시설이 있어 아시노코를 바라보며 느긋하게 족욕을 할 수 있다

타닥타닥 타는 작은 화덕에서 노릇노릇하게 구워지는 빵들. 그리고 제철 채소로 만들어지는 음식들은 그냥 바라보기만 해도 흐뭇했다. 영화는 대사보다 이미지로 전달하는 장면이 많았는데 빵이 나오는 장면은 그 어떤 장면보다 집중해서 보았다. 아마 그 순간 내 눈은 하트 모양이었으리라. 한편으론 주인공 미즈시마가 빵을 굽는 장면이 있는데 저렇게도 열심히 굽다니 하며 경이롭게 바라보았다.

광활한 홋카이도의 자연에 기대 소박한 이웃들과 함께 이야기와 생활을 공유하는 이 영화에서 빵은 정말 많은 역할을 한다. 정을 전하기도 하고, 마음을 치유하기도 하고, 인연을 이어주기도 하고…. 영화에서처럼 일본의 빵은 어딘가 모르게 예쁘고 아기자기한 느낌이다.

한번은 야마나시 가와구치코와 하코네로 1박 2일 나들이를 나섰다. 날씨만 빼고 다 좋았던 여행이었다. 출발부터 비가 마구 몰아쳤는데 아니나 다를까 여행 내내 찌뿌둥한 하늘은 결국 하코네에서 빵~ 하고 터져버려 하코네 아시노코가 잡아먹을 것 같은 기세로 몰려들기까지 했다.

아시노코(芦ノ湖)는 3,000여 년 전에 하코네 산에서 엄청난 수증기 폭발이 있었다는데 그 수증기가 모여서 만들어진 호수다. 호수가 얼마나 큰지 지금은 호수에 해적선 모양의 유람선도 띄워 관광객이 유람한다. 그러니 그 폭발은 얼마나 컸을는지 상상도 안 된다.

우리의 아쉬운 마음을 아는지 모르는지 날씨는 계속 붉으락 푸르락이다. 유명한 하코네 해적선이라도 탈까 하다가 이 날씨엔 운행도 안 할 것 같아 대신 빵집에 가기로 했다.

우리의 유명 관광지를 생각하면 거대한 간판에 똑같은 업종의 식당들이 늘어선 풍경이 떠오른다. 지금이야 제주도며 각 지역의 관광지에 특색 있는 카페나 식당들이 제법 늘고 있지만, 아직도 바닷가에는 무시무시한 간판을 내단 횟집들이 즐비하고, 오이도만 해도 무섭게 달려드는 칼국수와 조개구이집들이 가득하며, 산에는 백숙집이 마구 들어서 있기도 해서 슬프다. 갑자기 오이도가 튀어나왔는데, 오이도는 대중교통으로 갈 수 있는 좋은 명소라서 기대가 컸었다. 하지만 처음 오이도를 갔을 때 주변을 둘러싼 조개구이와 칼국수집 그리고 각종 노래방과 유흥업소를 보고 한없이 허무했었다. 조금 더 멋진 풍경을 보여주었더라면 더 자주 가고 싶었을 텐데….

지인이 추천한 하코네 빵집 '베이커리 앤 테이블'을 보고 나니 나의 오이도가 또 그렇게 아쉬울 수가 없었다. 그런데 여기는 너무 좋지 않은가! 밖에는 무료 족욕탕이 있어 자리가 나면 하코네 아시노코를 바라보면서 족욕을 즐길 수 있고, 맛있는 빵도 먹을 수 있다. 매장의 1층에선 빵을 고르고, 2층에선 음료를 주문하면 된다. 자리도 넉넉해서 앉을 곳도 많다. 내부가 엄청 예쁘다고는 할 수 없었지만 유리창 너머로 펼쳐진 아시노코가 그림같이 아름다워 더할 나위 없었다.

이곳의 빵 고르는 시스템은 독특했다. 사실 일본이니까 할 수 있는 방법이겠지 싶어 배시시 웃음이 나기도 했다. 규칙을 만들기 좋아하는 일본 사람들이 저마다 규칙을 만들고 이를 그대로 따르는 모습은 언제나 봐도 신기한데 이 빵집에서도 색다른 주문법을 만들어놓고 그 방법대로 따르는 사람들을 보니 재미있었다.

주문은 이렇게 하면 된다. 우선 사람들이 서 있는 긴 줄 끝에 보면 종이와 연필이 있다. 종이엔 지금 팔고 있는 빵 리스트가 적혀 있는데 이 중에서 원하는 빵을 골라 체크한 뒤 개수를 쓰면 직원들이 그 체크리스트를 보고 담아준다. 카페에서 먹고 갈 건지, 포장할 건지를 고르면 쟁반에 담아주거나, 비닐봉지에 담아서 포장해준다. 주문하기 전에 어떤 빵을 고를까 오래 고민할 수 있으니 걱정할 필요가 없다.

역시 한정판의 나라 일본. 이 빵집에도 벚꽃 리미티드 에디션이 나와 있다. 하코네 특별 빵도 있다. 빵 모양도, 재료도 다양해서 달달한 빵, 짭짤한 빵 맛도 여러 가지다. 맘에 드는 빵을 사서 2층으로 올라가 차가운 디톡스 차를 주문했다. 운동도 안 하는데 해독 차라도 마셔보자며 벌컥벌컥 들이켰다. 창밖을 보니 무섭게 달려들던 하코네 아시노코가 조금 얌전해졌다. 날도 맑아져 유리창으로 햇빛도 들어온다. 맛있는 빵이 앞에 있으니 이런 게 행복이구나 싶다. 역시 빵은 좋다. 〈해피해피 브레드〉의 한 구절이 다시 생각났다.

오키나와 맛 투어 10

일본 속의 또 다른 매력을 지닌 오키나와는 본토와 떨어져 있는 만큼 맛의 세계도
다르다. 오키나와 특산품인 고야나 베니이모 등을 이용한 명물 음식들이 있는가 하면,
서양 음식들이 변형되어 독특한 오키나와 특유의 메뉴로 자리 잡은 음식들도 있다.
가장 유명한 오키나와 소바를 비롯해 찬푸루와 타코라이스까지 다양한 오키나와의
맛을 10가지로 정리해보았다. 잠시 오키나와로 맛 투어를 떠나보자!

1. 찬푸루

우리네 짬뽕이 생각나는 이름 찬푸루는 여러 가지 재료를 넣고 섞어서 만드는 오키나와 명물 음식이다. 주재료에 따라 이름이 달라져서 고야 찬푸루, 돼지고기 찬푸루 등으로 불린다. 다양한 문화를 수용하는 오키나와 특성을 살린 요리로 오키나와에 간다면 꼭 먹어봐야 할 음식 1순위다.

2. 고야

오이처럼 생긴 고야는 우리말로 여주라고 부르는 열매다. 매끈하지 않고 울퉁불퉁한 외모로 처음 보면 비주얼 쇼크를 받을 수 있다. 오키나와 요리, 특히 찬푸루에 많이 사용된다. 고야는 조금 쓴 맛이 나는데 이는 양념을 어떻게 하느냐에 따라 달라지며, 식감은 아삭아삭한 게 특징이다.

3. 오키나와 소바

오키나와 대표 음식으로 메밀이 아닌 밀가루로 만든 소바다. 오키나와 어디에서든지 오키나와 소바를 먹을 수 있는데 나하 시내 헤이와도리(평화시장) 골목골목의 허름하지만 소박한 가게의 소바를 추천해본다. 오키나와 소바는 밀가루 면에 돼지고기 안심, 족발, 돼지 갈비, 어묵 등등의 다양한 토핑을 얹어 먹는 게 특징이다.

4. 베니이모 타르트

오키나와의 중심 나하의 국제거리를 걷다 보면 한 집 건너 한 집, 아니 그냥 모든 가게에 있다고 해도 과언이 아닌 달달한 과자다. 오키나와에서 나는 자색 고구마로 만든 타르트로 상표가 모두 달라도, 시식해본 결과 맛은 비슷비슷했다. 달달한 자색 고구마와 포송포송한 타르트는 분명 기분 좋은 만남이다.

5. 사타안다기, 친스코우

사타안다기는 밀가루를 살짝 뭉쳐 기름에 튀기고 오키나와 특산품 흑설탕을 뿌려 만든 오키나와 전통 과자다. 맛은 약과와 빵의 중간 맛 정도고 질감은 러스크보다 보송보송하다. 친스코우는 밀가루에 설탕과 라드(돼지기름)를 넣고 굽는 과자다.

6. 자마미 두부

땅콩으로 만든 두부로 오키나와 특산품이다. 땅콩으로 만든 만큼 맛은 땅콩 맛. 쫀득쫀득함과 물컹물컹함의 중간 정도의 신기한 식감을 경험할 수 있다. 밥반찬으로 등장하는 곳이 있으니, 두부의 신세계를 경험할 분들은 꼭 드셔 보시길!

7. 우미부도

바다의 해조류의 일종인 우미부도는 바다의 포도라는 별명이 있다. 샐러드나 반찬으로 먹을 수 있는데 성게알 마냥 톡톡 터지는 식감으로 유명하다.

8. 블루실 아이스크림

블루실 아이스크림은 오키나와에서만 먹을 수 있는 아이스크림이다. 여러 가지 종류의 맛이 있지만, 오키나와의 명물 베니이모(자색 고구마) 그리고 오렌지(오키나와 오렌지의 레몬 같은 맛)를 추천한다.

9. 타코라이스

오키나와에는 멕시코 음식 타코가 변형된 타코라이스가 있다. 타코를 밀전병에 먹지 않고 밥과 함께 먹는 것으로 오키나와식 타코라고 보면 된다. 밀전병 타코와 타코라이스를 함께 즐기기도 하고 다양한 버전으로 즐길 수 있는 것이 특징. 타코와 라이스의 조합이 의외로 맛있다.

10. A&W 루트 비어

미군 부대가 있는 오키나와에 자리 잡은 A&W는 아메리칸 프랜차이즈 식당이다. 나하 시내에서는 발견하기 쉽지 않고 아메리칸 빌리지 지점이 유명하다. 햄버거를 파는데 흥미롭게도 이 가게의 가장 유명한 메뉴는 무알코올 음료 루트 비어다. 오키나와에서만 파는 특이한 음료로 알코올은 없지만 비어라는 이름을 쓴다. 맛은 신기한 파스 맛! 무한정 리필이 가능한 것도 특이한데 한 잔 이상 마시기 쉽지 않다.

Tip 1. 고레구스

오키나와 소바를 먹을 때 뿌려 먹는 오키나와 전통 소스다. 오키나와의 어느 식당에 가도 놓여 있는 흔한 녀석인데 오키나와 전통주인 아와모리에 고추를 3주 정도 담가 만든다고 한다. 술로 만들었으므로 너무 많이 먹으면 취할 수도 있다는 것이 함정! 이름이 신기해서 검색해봤더니 고레구스라는 이름으로 볼 때 고려 후추, 고려 고추 등에서 유래했다는 흥미로운 소문이 있었다.

Tip 2. 아와모리

오키나와의 전통 소주다. 타이쌀(인디카)로 만든 누룩에 물과 검은 효모를 첨가해 발효시킨 술. 도수가 높을수록 더 비싸다고 한다. 고급스러운 패키지에 들어 있어 선물용으로 많이 산다.

낯선 잠자리

이케부쿠로
수상한 호스텔

　　　도쿄 같은 대도시를 여행할 때 숙소는 무엇보다 교통이 편리한 곳이 좋다. 나 홀로 여행을 하는 거라면 호텔 싱글룸보다 저렴한 호스텔을 이용하곤 하는데 거기에 재미난 이야기가 있는 숙소라면 고민하지 않고 '가보는 거야!'하는 편이다. 도쿄에는 그런 곳이 꽤 많이 있다. 그중 하나가 바로 북앤베드다.

처음에 북앤베드를 알게 된 건 아마 기사를 통해서였던 것 같다. 도쿄의 이색 숙소로 소개된 것 같은데 기억이 가물가물하다. 자세한 내용은 기억나지 않지만 이 호스텔의 이름만 기억나서 나 홀로 도쿄 여행 때 예약했다. 벚꽃 여행 시즌이었는데 생각보다 예약이 힘들지 않았고 이케부쿠로 역과 5분 거리라 찾기 쉽겠거니 하고 갔다.

하지만 도쿄는 도쿄. 그 큰 이케부쿠로 역 주변에서 로밍도 안 하고 포켓 와이파이도, 유심도 없었던 나는 당황하기 시작했다. 게다가 리쿠기엔에서 벚꽃 라이트 업을 보고 밤늦게 이케부쿠로에 떨어진 참이었다. 시간은 11시를 넘어서고 있었는데 체크인 마지막 타임이 11시여서 심장이 쿵쾅쿵쾅 뛰었다. 숙소에서 늦게 도착한 손님을 그냥 돌려보내는 경우는 없겠지만, 혹시나 하는 마음에 걱정됐다. 무엇보다 이케부쿠로가 너무 무서웠다. 리쿠기엔에 함께 갔던 지인이 헤어질 때 조심하라며 당부했기 때문이다.

"이케부쿠로는 무서운 사건의 배경으로
뉴스에 자주 나와요. 조심하세요~"

그 전까지 딱히 무섭지 않았는데 지인의 이야기와 12시가 다 되어가는 시간이 어찌나 공포를 주는지. 너무 무서웠다.
호스텔은 이케부쿠로 역 서쪽 게이트로 나오면 바로 찾을 수 있었는데 당황해서 반대편 게이트를 찾아갔다. 있을 리 없는 호스텔을 찾아 이곳저곳을 돌아다니다 결국 길 가는 사람을 붙잡고 물어물어 겨우 방향을 잡았다. 뒤늦게 호스텔에 도착했을 땐 거의 전자레인지에 돌려진 퍼진 인절미 상태였다.

굳게 닫힌 문에 화들짝 놀랐지만, 헐레벌떡 올라와 거친 숨을 몰아쉬는 소리가 들렸는지 직원이 창구를 열고 체크인을 해주었다.

마침내 숙소로 들어서자 사진에서 봤던 그럴싸한 풍경이 눈에 들어왔다. 예쁘게 만들어진 책장에는 빼곡하게 책이 꽂혀 있고, 그 뒤에 스탠더드 침대가 1, 2층으로 나뉘어 있었다. 안으로 더 들어가니 캡슐 호텔처럼 차곡차곡 자리한 잠자리도 보였다. 화장실과 샤워실, 간단한 간식을 즐길 수 있는 테이블과 긴 소파 등 공간 활용을 야무지게 해서 어디 하나 버리는 구석이 없었다. 인테리어에 관심이 많은 사람이라면 틀림없이 구경하는 재미가 있을 터였다.

또한 북앤베드에는 낮에 잠깐 휴식이 필요한 사람들에게 잠자리를 제공하는 Day-time 서비스가 있다. 복잡한 도쿄 한가운데서 '어디 가서 한숨 푹 자고 싶다~'라는 생각을 하는 이들에게 괜찮은 서비스 같다.

하지만 책이라는 아날로그적 낭만이 기대치를 너무 높여 놨던 탓일까? 생각보다 침대 공간이 좁아 '폐소공포증이 있는 사람이라면 틀림없이 까무러치겠구먼~'하는 생각이 떠나질 않았다. 그래도 책을 보며 잠드는 순간의 기쁨을 충실히 살렸다는 점은 이곳만의 장점이라 할 수 있다. 만화책과 디자인 서적도 많아서 일본어를 몰라도 즐겁다. 여행을 하다가 일찍 숙소로 돌아와 기다란 소파에 앉아 책을 읽으면 이 공간을 더욱 효과적으로 누릴 수 있다. 숙소에 들어서자마자 보이는 커다란 유리창도 잊을 수가 없는데, 숙소의 포토 포인트로 다들 열심히 사진을 찍었다.

책으로 둘러싸인 곳에서 때때로 반짝이는 도쿄를 바라보고, 또 책을 읽다 잠드는 것. 그 자체로 흥미로운 경험이 아닐까.

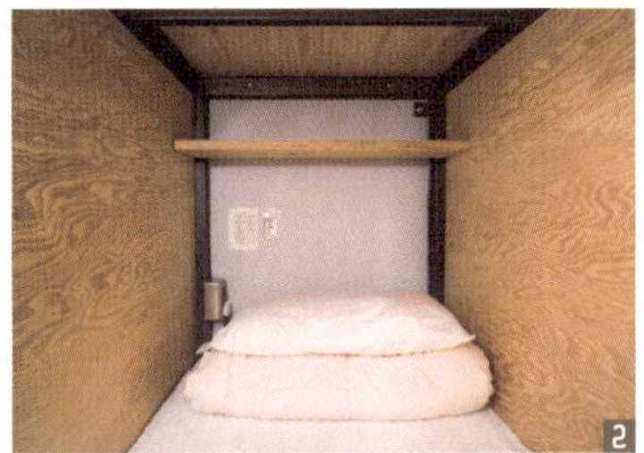

북앤베드의 이곳저곳

1 스탠더드 베드 구역에서는 책장 바로 옆에서 잠들 수 있다

2 콤팩트형 베드는 캡슐 호텔만큼이나 좁다

3 북앤베드의 하이라이트. 이케부쿠로 풍경을 즐길 수 있는 커다란 창문

늦은 밤의 이케부쿠로

북적 북적
시끌 시끌

어흥!
이케부쿠로는 무서운 사건들로 뉴스에 등장하기도 하고요…
← 도쿄사는 지인

헉…
자정이다
00:00

도와주세요!
숙소를 못 찾겠어요

진짜
무서웠다고…

료칸 | ¥26,000~ | 접근성 ★★☆

온천하고
다다미방에서 데굴데굴

예로부터 아름다운 자연을 두고 사람들은 절경이라고 칭송한다. 지역의 절경들을 묶어 단양팔경이나 관동팔경처럼 부르기도 하는데 일본에는 일본삼경이 있다. 17세기경부터 교토의 '아마노하시다테', 히로시마의 '미야지마'와 더불어 미야기의 '마쓰시마'를 묶어서 일본삼경이라고 부른다. 지금은 교통이 발달하고 지역마다 아름다운 곳이 너무 많아서 일본삼경이라는 별명이 조금 무색하게 느껴지지만, 그런데도 많은 사람들은 마쓰시마를 일본삼경 중 하나로 기억하고 있다.

이 마쓰시마에서 하룻밤을 보낸 적이 있다. 숙소는 전 객실이 오션뷰로 태평양 해안을 바라보며 잠들 수 있는 마쓰시마 이치노보라는 료칸이었다. 객실 앞에는 예쁜 정원이 넓게 펼쳐져 '꽤 큰 곳이구나~'하긴 했는데 나중에 알고 보니 글쎄 부지가 7,000여 평이나 된다고 했다. 실로 어마어마한 공간을 다녀온 셈이다.

이 료칸 주변엔 마쓰시마의 볼거리가 옹기종기 모여 있어 지내면서 둘러보기

이치노보 료칸의 다양한 모습

1 무려 7,000평의 수상 정원이 있는 료칸이었다
2 혼자 지내기 민망했던 넓은 다다미방 객실
3 조식당에서 바라본 풍경이 이렇게 멋져도 되나?

좋았다. 보통 료칸은 전통 일본식으로 지어져 목욕탕과 다다미방, 유카타 등을 체험할 수 있는데 방식은 그대로 하되 건물만 현대적으로 지은 곳들도 많이 있다. 이곳은 겉모습은 현대적인 호텔이지만 일본식의 유카타, 다다미방, 가이세키 요리를 체험할 수 있는 곳이었다.

바닥에 다다미가 깔린 일본식 방 그리고 제철 식재료로 만드는 가이세키 요리는 료칸 여행 하면 가장 먼저 떠오르는 이미지다. 일본 여행을 여러 번 했지만 료칸을 제대로 방문한 건 처음이라 내심 기대가 컸다. 두근두근 하고 들어가니 방 안 한쪽에는 곱게 접은 유카타와 허리끈, 양말 그리고 바구니가 있었다. 료칸이 처음이라 어리둥절해하자 지인이 친절하게 설명해주었다.

"옷을 유카타로 갈아입고 대욕장으로 가요.

여기 이 가방에 개인 물건들을 담아서 가지고 가고요.

유카타 안에는 속옷을 입고,

왼쪽 옷자락이 위로 오게 입으세요.

이 끈을 오비(帯)라고 하는데 허리에 매면 돼요"

묵묵히 듣자니 처음 해외여행으로 갔던 인도가 생각났다. 상점가에서 인도 전통 의상인 사리를 입어보는데 얼마나 어색하고 이상한지 너무 부끄러웠다. 유카타는 드라마나 영화에서 자주 봐서 익숙하긴 했는데 입어보니 역시나 너무너무 어색했다. 끈이 막 풀어질 것 같고 흘러내릴 것 같기도 했다. 목욕하는 사람이 많은 밤에는 차마 민망해서 방 밖으로 나가지도 못하고 새벽에 일찍 잠자리를 박차고 일어났다. 지난밤 배운 대로 유카타를 입고 오비 끈의 매듭을 완전 꼭꼭 맨 뒤 옷자락을 붙잡고 용기를 내어 대욕장으로 출발했다.

이른 새벽인데도 대욕장 탈의실에는 목욕을 즐기려는 할머니들이 계셨다. 가지고 온 소지품을 바구니에 담고 유카타를 벗고 욕장으로 스륵스륵 다들 자연스럽게 들어갔다. 할머니들을 따라서 나도 스륵 들어갔다. 일본 사람들은 목욕탕에 들어올 때 보통 얇은 수건을 가지고 와 머리에 얹는다. 목욕을 마치고 나갈 때도 물을 닦아내기 위해 수건이 필요하니 욕장에 들어설 때 꼭 챙긴다. 수건이 없으면 바닥에 홍수를 만들 수 있으니 조심해야 한다.

바다의 짠 기운이 감도는 차가운 공기와 뜨뜻한 온천물이 있는 노천온천은 참 좋았다. 한동안 그렇게 푹 온천을 즐겼더니 물이 뜨겁지도 않았는데 낮술 마신 사람처럼 얼굴이 시뻘게졌다. 그 후에는 얼른 유카타를 챙겨 입고 어색한 발걸음을 재촉해 방으로 들어왔다. 들어오자마자 박차고 나왔던(내동댕이쳐져 있는) 잠자리에 털썩 누워 이리저리 데구르르 굴렀다. 달아올랐던 뺨은 식었고 탕 속에 익었던 몸이 스르르 느슨해졌다.

'아항~ 이런 기분에 료칸에 오는가 보다.
　이쪽으로도 굴러볼까 데구르르'

처음 입어본 유카타

① 양팔을 넣고 왼쪽 옷자락이
위로 오게 →

어색해
어색해

② 오비(끈)를 허리에
맵니다

③ 매무새를 단정히 하면
완성
다비라는
양말을 신기도

오! 유도선수?
싸우러 가는거 같다 ~
뭐야?

고우키 씨의
집

　　　　　도쿄 사람들도 살고 싶어 한다는 동네, 기치조지는 영화 〈구구는 고양이다〉로 처음 만났다. 우에노 주리라는 일본 여배우가 나오는데 그녀가 주인공 노다메로 등장한 드라마 〈노다메 칸타빌레〉의 코믹하고 사랑스러운 캐릭터를 좋아하고 있던 터라 영화도 더 재미있게 봤다.

영화 속에 등장하는 기치조지의 명소는 바로 이노카시라 공원과 상점가에 있는 스테이크 하우스 사토우다. 고양이가 많이 등장하는 것도 매력 중의 하나인데 배우들이 이 사토우의 멘치가쓰를 먹는 장면이 압권이다. 너무 맛있게 먹는 바람에 꼭 먹고 싶었던 사람이 한둘이 아니리라.

나 역시 마찬가지였다. 지금도 매일 기다란 줄이 서 있는 진풍경을 만드는 곳, 사토우. 정육점과 식당을 겸하는 곳으로 그날의 재료가 떨어지면 문을 닫는다는데 요즘은 꽤 많은 양을 준비하시는지 밤늦은 시간까지 멘치가쓰를 팔고 있었다. 이곳의 멘치가쓰는 잘게 다진 고기와 양파가 잘 어우러져 뜨거운 기름에서 튀겨지니 맛이 없을 수 없다(다만, 조금 짭짤하고 기름기가 많은 게 단점이

기치조지의 예쁜 집을 에어비앤비에서 발견한 친구는 이곳에서 꼭 숙박을 해 보고 싶다고 했다. 에어비앤비 사이트에 올려놓은 이미지가 맘에 들기도 했고, 무엇보다 함께 가자는 친구의 안목을 믿기로 했다. 숙소로 찾아가던 날, 어쩌다 시간이 너무 늦어버렸다. 에어비앤비는 집주인이 집 주소나 지도를 전해주며 찾아오라고 하거나 직접 만나서 집으로 안내한다. 고우키 씨는 기치조지에서 집까지 가는 길이 초행길엔 조금 어렵다며 직접 마중 나오겠다고 했다. 그런데 시간이 너무 늦어서 만나기 전부터 미안한 마음을 가득 안고 고우키 씨를 만나야 했다.

고우키 씨의 집은 기치조지 역에서 나카마치도리라는 상점이 많은 골목길을 지나야 했다. 밤이라 모든 상점은 문을 닫았고 지나다니는 사람들도 없었다. 나와 친구의 캐리어 바퀴 구르는 소리가 골목길을 요란하게 울려서 민망했다.

편의점에서 알코올 함량이 낮은 과일 맥주를 사고, 과자와 간식을 이것저것 산 뒤 다시 골목길을 걸었다. 고우키 씨의 집은 역에서는 꽤 멀었지만 가는 길이 소소하고 정겨운 풍경이라 밤인데도 맘에 들었다. 낮에는 어떤 풍경일까 상상하며 신이 나서 고우키 씨를 따라갔다.

고우키 씨의 집은 오래된 단독 주택을 개조한 것이었다. 1층은 생활자의 흔적이 별로 없는 깔끔한 공간이었는데 작은 주방을 Bar 형식의 테이블로 마무리해서 식사할 공간을 야무지게 만들었다. 커다란 공간에 큼지막한 소파와 큰 통나무 테이블이 있고 안쪽에 방으로 들어가는 문이 있었다. 우리가 사용할 방에는 커다란 침대와 전신 거울, 에어컨과 길고 귀여운 선반 등이 있었는데 여자들이라면 분명히 좋아할 법한 깔끔하고 예쁜 인테리어였다. 직접 인테리어를 했다는 고우키 씨는 화장실과 작은 주방 그리고 우리가 사용할 방을 차례차례 안내했다.

> "제 집은 아니에요. 집 전체를 임대해서 살고 있는데,
> 인테리어는 제가 다 했어요. 이 공간이 맘에 들었는지
> 유명 브랜드 제품 홍보 사진의 배경으로 사용된 적도 있어요"

보기만 해도 사랑스러운 예쁜 집
1 <구구는 고양이다>에 등장한 멘치가쓰
2 고우키 씨가 직접 인테리어 한 세련된 공간
3 사케와 수다가 함께했던 테이블

고우키 씨는 2층에서 지내고 가끔 친구들과 이벤트를 할 때를 제외하면 1층
은 에어비앤비 손님들이 지낸다고 했다. 한국인 여행자도 많이 오는데 한 번
들렀던 사람이 다시 오는 경우가 많다며 자랑도 했다.

고우키 씨가 건네는 야마가타현의 닷사이(獺祭, Dassai)를 작고 귀여운 잔에
받아 홀짝홀짝 마시고는 한참 이야기를 나눴다. 친구네 회사 이야기와 고우
키 씨가 에어비앤비 호스트로 지내는 이야기 그리고 기치조지 동네 이야기를
했다. 제일 뜨거웠던 대화는 친구가 꼭 가보고 싶다던 꼬치구이집 이야기였
다. 이노카시라 공원 주변에 있는 꼬치구이집인데 지난번 여행 때 가보지 못
한 게 너무 아쉬워서 자꾸 생각이 났단다. 그도 그럴 것이 그 꼬치구이집 주
변으로 꼬치구이 냄새가 말도 못하게 난다. 꼬치구이를 좋아하지 않는 사람
도 붙잡는 냄새다. 나도 가게 이름은 모르지만, 냄새만큼은 확실하게 기억하
고 있었던 가게였다. 그렇게 우리는 친한 친구 집에 놀러온 듯 밤늦도록 이
야기를 나눴다. 꼬치구이집 이야기가 제일 많긴 했지만. 이날 침대에 누워서
는 오직 다음 날 먹을 꼬치구이만을 생각하며 잠을 청했다. 진정 행복한 밤
이었다.

호텔 | ¥21,000~ | 접근성 ★★★

일생에 한번은
도쿄 야경

어떤 여행은 한 장의 사진으로 떠나기도 하는데 바로 이 여행이 그런 여행이었다. 도쿄타워가 온전히 그것도 아주 예쁘게 보이는 호텔 사진이었다. '이 호텔은 대체 어디지?'하며 재빨리 검색을 시작했다.

도쿄 여행에서 숙소는 주로 게스트하우스를 선택하는데 이번만큼은 꼭 이 호텔에서 묵고 싶다는 간절함이 생겼다. 게스트하우스는 아무리 좋은 곳이라도 1박에 5만 원 정도인데 호텔 싱글룸은 두 배인 10만 원이 훌쩍 넘는다. 하지만 딱 하루, 이틀도 아니고 사흘도 아니고 딱 하루면 된다. 딱 하룻밤만 도쿄타워가 반짝이는 야경을 보면 된다.

이놈의 야경을 왜 이렇게 갈구하는지 그 이유를 설명하자면 이렇다. 나 홀로 여행자는 떠날 땐 용감하게 여행을 시작한다. 여행지는 한국과 가장 가까운, 차이는 분명 있지만 그럼에도 사는 모습이 가장 비슷한 일본을 고른다. 도쿄는 복잡하지만 복잡한 서울에 이미 잘 훈련된 지라 크게 걱정은 없다. 좌측통행만 잘 기억하면 길거리를 다니는 데 문제도 거의 없다. 뚜벅이 여행자라 온종일 걸으며 심심할 틈 없이 보낼 자신도 있다. 혼자 밥 먹는 건 이젠 너무 익숙하다. 게다가 일본에는 혼자 밥 먹는 사람들 천지다.

하지만 깜깜한 밤에 야경을 즐기러 혼자 다니는 건 아직도 무섭다. 나 홀로 여행자 10년 차에 익숙한 도시 도쿄지만 뼛속까지 소심한 성격 탓에 제대로 도쿄 야경을 즐긴 적이 없었다. 붉은빛을 내며 반짝이는 도쿄타워는 사진과 영상으로만 봐왔을 뿐이었다. 아무리 치안이 좋은 일본이라지만 엄연히 매일 밤 무시무시한 형사 사건들이 벌어지는 도시지 않은가?

그런데 깜깜하고 무시무시한 밤에 안락하고 안전한 호텔 방에서 야경을 즐길 수 있다니, 그것도 도쿄타워의 반짝이는 모습을 볼 수 있다니! 반드시 이 호텔을 찾아내 하룻밤을 보내리라.

간절한 여행자의 레이더망에 걸린 것은 도쿄 신바시 역, 시오도메 역과 가까운 파크 호텔 도쿄. 사진 속 그 객실과 똑같았다. 잽싸게 호텔 가격을 비교해주는 사이트들을 주르륵 열어놓고 가장 저렴한 곳이 어디인지 찾기 시작했다. 호텔 예약 사이트마다 자신들이 최저가격을 알려준다고 선전하지만 비교해보면 어떤 호텔은 이 사이트가 저렴하고 또 어떤 호텔은 저 사이트가 저렴

호텔에서 바라본 아름다운 도쿄타워
1 타워뷰 객실 창문에서는 빨간 도쿄타워를 볼 수 있다
2 도쿄타워가 반짝이는 야경을 촬영하기에 좋았다

하다. 무식하지만 하나하나 찾아 눌러보는 게 가장 좋은 방법이다. 만약 미리미리 계획한다면 더 저렴하게 예약할 수도 있다. 호텔마다 미리 내놓는 프로모션 플랜들이 많은 데다가 자란넷 같은 일본 숙박예약 사이트에서는 별도의 프로모션을 진행하기도 한다. 일본어로만 서비스되던 자란넷은 한국어 사이트가 생겨 한국 여행객들도 예약을 할 수 있다.

호텔 객실을 예약할 때는 꼼꼼히 챙겨봐야 한다. 조식이 포함된 것인지, 방은 금연실인지 등을 체크한다. 일본의 흡연실은 견딜 수 없이 냄새가 심한 경우가 많다. 금연실이더라도 흡연자가 이용했던 흔적이 남은 경우가 있어 불쾌한 냄새가 나기도 한다. 예약할 때 금연실을 꼭 확인하고 나중에 호텔에 입실해서 냄새가 많이 난다면 방을 바꿔달라고 하면 된다.

다녀와서 알게 된 사실이지만 도쿄타워가 보이는 호텔은 파크 호텔 도쿄 말고도 여러 군데가 있었다. 다만, 도쿄타워까지의 거리에 따라 보이는 각도, 크기, 모양이 달랐다. 도쿄타워를 감상하기에 가장 적절한 곳은 파크 호텔 도쿄와 로열 파크 호텔 더 시오도메인데 도쿄타워와 거리가 약 1.5km로 객실이나 고층 Bar 등에서 도쿄타워를 감상하기 좋다.

파크 호텔 도쿄는 시오도메 역에서 1분 거리다. 역과 바로 연결되어 있어 편리한데 초행길이라 호텔로 연결되는 엘리베이터를 찾지 못해 시오도메 역 주변을 뱅글뱅글 돌았다. 서울에서 많이 훈련했지만, 일본어가 난무하는 일본의 지하철은 여전히 어렵다. 시오도메 역은 많이 복잡하진 않았는데 생각보다 오래 걸렸다. 뭐 워낙 잘 헤매고 다니는 터라 '이번에도 어떻게 되겠지'하는 심정으로 캐리어를 끌고 이리저리 둘러보았다.

혹시나 해서 하는 말인데 초행길이거나 길을 잘 못 찾는 여행자라면 짐을 가볍게 싸는 게 정말 중요하다. 길거리에서 헤맬 때 짐까지 무거우면 폭발할 것 같기 때문이다. 길바닥에서 주저앉고 싶거나 엉엉 울고 싶은데 짐까지 많고 무거우면 최악이다.

우여곡절 끝에 호텔로 이어지는 엘리베이터를 찾았다. 한번 길을 찾고 나면 또 이렇게 쉬울 수가 없다. 주저앉아 울고 싶었던 적이 언제였냐는 듯 산뜻하고 가뿐한 기분이 된다. 그때부터는 매일 다니던 길처럼 여유롭게 다니게 된다. 체크인 카운터는 25층으로 객실은 27층부터 시작된다. 전 객실이 고층이라 야경을 즐기기에 더할 나위 없을 듯했다.

"저 방에서 도쿄타워가 보인다고 해서 예약했는데요.
  도쿄타워가 보이는 방 맞나요?"
"손님이 예약하신 방은 도쿄타워가 보이는 방이 아니에요"
"예약 사이트에서 분명히 도쿄타워가 보인다고 했어요.
  저는 도쿄타워 때문에 왔어요"
"어느 사이트에서 예약하셨죠? 한번 확인해볼게요"

이럴 수가. 도쿄타워가 보이는 방이 아니라면 이 호텔에서 잘 이유가 없는데 어째서 이런 가혹한 상황이 되었단 말인가? 입실 전에 질문하길 잘했다고 생각하며 조마조마한 마음으로 기다렸다. 이게 뭐라고 심장이 쿵쾅대면서 얼굴이 천천히 붉게 달아오르는 걸 느꼈다.

"죄송하지만 손님, 손님이 예약하신 방은 도쿄타워가 보이지 않는 방이에요"
"그럴 리가 없어요. 그랬다면 저는 그 방을 예약하지 않았을 거예요.
  저는 도쿄타워를 보러 왔어요"

정말 이상하다. 예약할 때 분명 도쿄타워가 보이는 방이라고 했는데 어째서?
답답하기도 속상하기도 해서 혼자 심각해졌다. '그래 내가 호텔에서 잔다는
게 이상한 거야. 그냥 도미토리나 이용할 것을…' 온몸에 힘이 다 빠져버렸다.
축 늘어져 있는데 뭔가 한참 찾던 호텔 직원이 말을 걸었다.

세상에 이게 뭐라고 천국과 지옥을 왔다 갔다 하게 하
는 건지. 여행자에게는 별것 아닌 것도 별것이 되는 법이다.
어느새 하늘이 푸르스름해진 도쿄의 밤. 그곳엔 반짝이는 도쿄타워가 있었
다. 서울 한복판에서 서울타워를 넋 놓고 바라보듯이, 파리에서 에펠탑을 하
염없이 바라보듯이, 호텔 방에 앉아 도쿄의 상징인 도쿄타워를 멍하니 바라
보았다. 아무 생각 없이 한참이나 반짝이는 빨갛고 하얀 도쿄타워를 구경하
다가 '아차차 사진을 찍어야지'하고 몇 장의 사진을 찍어두었다.
푸르스름한 하늘이 어둑어둑해지고 또다시 깜깜해질 때까지 도쿄타워를 바
라보았다. 아름다운 푸른빛의 하늘과 도쿄타워를 감상할 수 있는 시간은 30
여 분이었다. 이후로는 하늘이 시커메져서 온전한 밤의 모습이 되어버린다.
도쿄타워의 불빛이 꺼지는 시간은 자정. 그때까지 하염없이 창밖을 보며 아
무도 없는 혼자만의 야경 시간을 보냈다.

타워뷰 희로애락

도쿄타워가 보이는 방으로 예약 했는데요 ~
빼쌔시

네? 도쿄타워 방이 아니라고요?
쿵
쿵

저는 도쿄타워 보려고 예약했어요 ...
흑.

타워뷰로 주신다구요?
캬 ~

기왕이면 좋은 view로 비나이다 ~

쉼표가 격하게 필요한 날,
호텔 놀이

회사원 시절엔 휴가 때마다 일본 여행을 준비했다. 설날에도 무조건 여행을 갔고, 추석은 여름휴가를 늦게 붙여서 일주일 정도를 묶어서 가곤 했다. 나이 먹은 여자 사람 직장인이 할 수 있는 명절 최고의 선택은 도피였다. 명절은 극성수기라 아주 오래전부터 준비하는 게 좋다. 6개월 전부터 미리미리 프로모션 항공권이 나오기를 기다리고, 숙소를 미리 찾아보는 것도 중요하다. 항공사마다 이름은 다르지만, 일찍 판매하는 얼리버드 항공권이 나올 때를 맞춰 저가항공사의 티켓을 사두고, 숙소를 찾아 카드로 시원하게 긁어둔 뒤 달력에 표시해두면 지루하고 고단한 일상에서 작은 힘을 얻을 수 있다.

월급을 믿고 신용카드를 긁어 호텔 싱글룸을 예약하기도 했는데 10만 원 정도의 싱글룸을 3박 4일 묵는다면 호텔비가 30~40만 원이 넘는다. 주로 5만 원 이하의 게스트하우스를 선호하는 지금에 비하면 꽤 여유로운 여행을 했던 셈이다. 후쿠오카 여행을 준비하면서도 호텔 싱글룸을 이용했었다. 대신 이

때는 항공권을 아주 저렴하게 득템했고, 이번엔 정말 호텔 놀이 외엔 아무것
도 하지 않겠다며 벼르고 떠났다.

호텔은 하카타 역 바로 앞에 있었던 컴포트 호텔 하카타. 유명하지도, 럭셔리
하지도, 특별하지도 않은 비즈니스호텔이다. 하카타 역과 정말 가까운 게 최
고의 장점이었다. 후쿠오카 공항과 하카타 역이 가깝다는 것도 좋았다. 카스
텔라와 짬뽕을 먹으러 나가사키를 가려는 사람이나 온천욕을 하러 유후인에
가려는 사람은 하카타 역 근처 버스터미널을 이용하면 된다. 후쿠오카의 번
화가 텐진은 어슬렁어슬렁 걸으면 20~30분이면 도착할 수 있는 거리였다.

호텔은 상상했던 것보다는 꽤 넉넉해서 맘에 들었다. 마치 거인이 스머프 집
에 머무는 것 같은 방도 본 터라 이 정도면 아주 양호했다. 일본의 호텔들은
전기 포트와 슬리퍼가 갖춰져 있는 경우가 많다. 나중에 미국과 유럽을 여행
하면서 일본 호텔들이 얼마나 알차고 야무지게 서비스하고 있었는지 크게 느

나 홀로 호텔 놀이
1 낯선 방, 낯선 잠자리. 처음 뵙겠습니다~
2 '짐 늘어놓기'는 여행자의 소소한 놀이

껐다(미국과 유럽의 호텔들은 슬리퍼를 제공하는 경우는 거의 없고, 전기 포트도 없어 프런트에 따로 문의해야 했다).

이 호텔의 테이블은 화장대 겸 책상으로 사용하는지 꽤 커서 그곳에 자잘한 짐들을 잔뜩 늘어놓았다. 테이블 너머 창문으로는 하카타 역 주변 도로와 개미만 하게 작지만 바쁘게 움직이는 자동차들이 보였다.

회사에서 이리 치이고 저리 치이다가 여행을 오니 순간 바람 빠진 풍선처럼 호텔 침대 위에서 퍼져버렸다. 하얀 천장을 바라보다가 그럼 기분 좋게 하늘을 구경하자며 창문을 가리고 있던 커튼을 열어젖혔다. 그러고는 비스듬히 누워서 말똥말똥 하늘을 구경했다. 오늘은 쉬고 내일부터 신나게 놀아야지 했는데 다음 날엔 폭우가 마구 쏟아졌다. 가까운 하카타 역의 쇼핑몰을 돌고 서점에서 하염없이 책을 구경하고 고른 뒤 다이소에서 간식거리와 자질구레한 물건들을 잔뜩 사서 다시 호텔로 들어왔다.

'이것이 바로 사람들이 말하는 호텔 놀이인가?
그렇다면 나 진짜 잘하고 있는 듯'

마지막 날 역시 비가 왔다. 그래도 아침 일찍 일어나 텐진을 비롯한 후쿠오카 중심가를 아주 살짝 누볐다. 하지만 명소라든지 주변 관광지는 한 군데도 가보지 못했다. 곳곳에 있었던 쇼핑몰과 아케이드가 있어 비를 피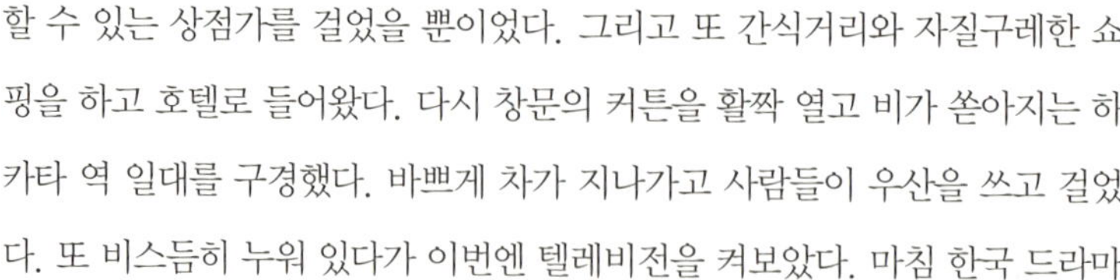할 수 있는 상점가를 걸었을 뿐이었다. 그리고 또 간식거리와 자질구레한 쇼핑을 하고 호텔로 들어왔다. 다시 창문의 커튼을 활짝 열고 비가 쏟아지는 하카타 역 일대를 구경했다. 바쁘게 차가 지나가고 사람들이 우산을 쓰고 걸었다. 또 비스듬히 누워 있다가 이번엔 텔레비전을 켜보았다. 마침 한국 드라마

<이산>이 하고 있었다. 일본어로 더빙해서 방송하고 있었는데 일본어를 하는 이서진이 어색하고 신기해서 한참 봤다.

바람이 다 빠진 풍선처럼 침대에 늘어졌다. 충분히 아무것도 안 하고 있었더니 뜻밖에 기분이 좋아졌다. 신기한 일이었다. 공기를 다 뺀 풍선 같은 몸과 마음으로 짐을 싸고 후쿠오카 공항으로 향했다.

이제 일상으로 돌아가 다시 나라는 풍선에 공기를 조금씩 넣게 되겠지. 공기가 들어가 빵빵해지면 다시 공기를 빼기 위해 아무것도 하지 않는 호텔 놀이가 필요할지도 모르겠다. 부디 터지기 전에 다시 공기를 슈욱~ 뺄 수 있는 날이 또 오기를.

쉼표가 필요해!

회사는 왜 나를 미워하는거야?

하긴 별로 좋은 사이는 아니지...
쿵
회사 →

내가 또 질러버린거야?

그래도 헤어질수가 없다
으으으으
저지르고 후회하는 타입 →

카드값이 기다리니 참을 수 밖에...
E-TICKET

펜션 ｜ ¥7,800~ ｜ 접근성 ★☆☆

외국인은
처음이에요

7, 8월은 홋카이도 최고의 성수기로 해외 관광객도 많긴 하지만 일본 내국인 관광객이 몰려든다. 저렴하고 좋은 숙소를 비롯해 대부분의 호텔이 만실이 되는 경우가 많아서 개별 여행자들은 숙소 구하기가 어렵다. 이 시기 후라노와 비에이의 숙소 잡기는 그야말로 하늘의 별 따기. '하긴, 나도 후라노의 보랏빛 라벤더 밭과 비에이 패치워크 로드의 초록빛 들판 사진을 보고 여름의 홋카이도에 포옥 빠져버렸으니…'

그렇게 잡기 어려운 비에이의 숙소를 운이 좋게도 함께 간 지인 찬스로 예약할 수 있었다. 비에이의 호젓한 펜션 호시가오카는 정보가 많지 않은 데다 전화 예약만 가능해서 주로 일본인들이 찾아온다. 그래서인지 한국어로 이야기하는 걸 들으신 주인 어르신은 깜짝 놀라셨다.

"외국인이에요?"

"네. 한국 사람이에요"

비에이 역에서 자동차로 10분 정도 걸리는 이 펜션은 비에이의 풍경을 한눈에 내려다볼 수 있는 곳에 있다. 2층 주택으로 현관문 옆에는 커다란 크리스마스트리 같은 나무가 서 있어서 동화에 나올 법한 모습이다. 겨울에 내린 눈이 나무에 소복이 쌓인 모습을 가만히 상상해보았다. 알록달록한 전구로 장식을 해도 정말 예쁠 것 같았다.

현관문을 들어서면 작은 리셉션이 보이고, 그 창구 너머에서 주인 어르신이 체크인을 해주셨다. 1층은 리빙 & 다이닝 룸으로 조식당과 카페로 사용했다. 아기자기한 일본 느낌이 가득한 공간이었는데 앤티크 가구와 그랜드 피아노, 오르간까지 있어서 조금 놀랐다. 귀여운 기차가 있는 커다란 유리 테이블과

호시가오카 현관 앞, 커다란 크리스마스트리가 생각나는 나무

소파가 놓인 공간에 볼거리가 많아서 구경하는 재미가 있었다. 이 아기자기한 펜션은 주인 부부가 은퇴하고, 비에이로 이주해 만든 곳이었다.

우리가 묵은 2층 방은 싱글 침대 두 개가 차분히 놓인 곳으로 아주 평범했는데 공간 활용이 돋보이는 작은 가구들과 소품이 눈에 띄었다. 낭비되는 공간이 전혀 없어 효율적이다. 무엇보다 이 방은 창문을 열면 비에이의 맑고 차가운 공기가 잔뜩 들어왔다. 펜션 주변에는 자작나무가 높이 서 있는데 그 풍경을 창문으로 바라보면 마치 그림 같았다. 짐을 풀고 한숨 돌리고 있으려니 방송이 흘러나온다.

주인 어르신의 방송이었다. 내일은 아침 준비로 바쁘니 지금 잠깐 모여 여행에 관한 정보를 나누자는 말씀이셨다. 일본어를 할 수 있는 지인이 서둘러 내려가 주변 산책로와 가볼 만한 곳들을 추천받았다.

그리고 다음 날엔 지난밤 추천받은 내용을 참고해 일찍부터 산책에 나섰다. 끝없이 이어진 논과 밭에는 길을 건너는 작은 여우와 호수에 떠가는 오리, 들판의 한적함을 즐기는 소들이 있었다. 길은 한참을 걸어도 끝이 없어 어디까지 가야 할지 모를 지경이었다. 조식 시간 전까지 돌아가는 것을 목표로 어슬렁어슬렁 주변을 걸어 다녔다.

7시 반 즈음 펜션으로 돌아오니 은은하면서 명랑한 클래식 음악이 BGM으로 퍼졌다. 이런 걸 감미롭다고 표현하는 걸까? 음악을 들으며 뭉그적대자 나를 콕 집어서 내려오라는 방송도 해주셨다. 약속했던 시간에 정확히 준비된 아침 식사는 도쿄의 브런치 가게에서나 볼 수 있을 법한 비주얼이었다. 토마토 수프와 손수 만든 베이글, 신선한 샐러드가 한 상 가득이었다. 고소한 홋카이

비에이 펜션 호시가오카

1 펜션을 나서면 바로 대자연이 펼쳐진다
2 방 창문을 열면 자작나무 사이로 신선한 공기가 찾아온다
3 1층은 카페 겸 식당 겸 로비. 그랜드 피아노와 앤티크 가구, 소품을 구경하는 재미가 있다

도 우유와 진하고 쌉쌀한 원두커피도 함께.

날이 좋으면 이곳 펜션 옆에 있는 천문대에서는 별 관측도 할 수 있다고 한다. 별이 잘 보이는 날 찍었다는 사진을 보니 정말 어마어마했다. 하늘을 보고 누우면 반짝이는 별이 우수수 떨어지는 듯한 기분을 느낄 수 있다고 한다. 슬프게도 우리가 머물렀던 날에는 비가 주룩주룩 와서 볼 수 없었다. 하지만 언젠가 다시 비에이를 찾는다면 꼭 별이 쏟아지는 그 장면을 만나고 싶다.

철학자는 아니지만
철학의 길

간사이 공항에서 오사카를 거치지 않고 바로 하루카 열차를 타고 교토 역에 내렸다. 벌써 깜깜한 밤, 예약해둔 로쿠로쿠 게스트하우스를 찾아가기 위해 17번 버스를 타고 시내로 들어갔다. 야행성으로 살아온 나에게 밤 10시는 기운이 넘치는 시간이지만 교토는 이미 잠들어버린 듯했다. 그나마 밝았던 시내 중심가를 지나자 어둡고 한적한 길이 나타났다. 지나다니는 사람은 거의 없었다.

로쿠로쿠 게스트하우스는 철학의 길과 가까웠다. '철학의 길'은 일본의 유명한 철학자인 '니시다 기타로'가 매일 교토 대학으로 가면서 명상하던 길로 알려진 곳이다. 니시다 기타로 말고도 많은 사람들이 이 길을 산책하면서 더 유명해졌다고 하는데 길 자체만 보면 그리 특별할 것은 없다. 운하 옆 약 2km 길로 폭도 좁다. 그렇지만 양 끝에는 유명한 관광지인 은각사와 난젠지가 있어 여행자들도 많이 찾는다. 봄에는 벚꽃이 만발하고, 여름에는 청량한 초록빛이 홍건한 작은 길이다. 소소하고 정겨운 풍경도 만날 수 있다. '철학자는

철학의 길 산책 중

철학의 길은 운하 옆 약 2km의 길,
폭은 좁은 편이다

아니지만, 철학의 길을 가보겠어!'하고 떠난 교토행이었다. 로쿠로쿠 게스트하우스는 이 교토 여행의 중심에 있었다. 그러니 이만큼 좋은 위치의 숙소도 없었다. 게다가 도미토리가 있고 가격도 저렴했다. 조금 특이한 점이라면 체크인하는 곳이 묵을 숙소와 다르다는 정도랄까? 하지만 도착했을 땐 주인 어르신이 내가 묵을 숙소에서 직접 체크인을 해주셨다.

여행을 자주 다니는 편이지만 처음 가는 장소는 언제나 찾기 어렵다. 지금이야 구글 지도를 켜고 GPS로 위치를 확인하면서 목적지를 찾지만, 교토가 처음이었던 2010년만 하더라도 종이 지도를 펴고 길을 찾았었다. 이 골목에도 들어갔다가 저 골목에도 들어갔다가 얼마나 헤맸는지 지금은 눈감고…는 못 가겠지만, 여하튼 그려보라면 그릴 수 있을 정도다. 로쿠로쿠를 처음 찾아온 그날 밤에 어떻게 잠이 들었는지 기억이 나질 않는다. 게스트하우스를 겨우겨우 찾아 체크인하고 짐을 풀고… 그리고 씻었던가?

하지만 선명히 기억에 남는 장면이 있다. 바로 주인 어르신인 고토 씨가 늦은 밤 꼼꼼하게 체크인을 해주시던 모습이다. 먼저 숙소 문 앞에서 고토 씨는 작고 깨끗한 걸레를 주시며 캐리어 바퀴를 닦아달라고 부탁하셨다. 떠들썩하고 자유로운 분위기 그리고 조금은 지저분해도 괜찮은 유럽의 호스텔만 경험한 나에게 조용한 가운데 벌어지는 이 상황이 매우 생소했다. 캐리어 바퀴를 쓱쓱 닦자 고토 씨는 거실 바닥에 앉아 체크인 의식을 시작했다.

내 여권을 받은 고토 씨는 작은 방에 가서 복사를 했고(얼마 전 찾았을 땐 서예도구의 문진같이 생긴 세련된 도구로 여권을 스캔하셔서 신기했다), 체크인을 위한 서류에 사인을 부탁하셨다. 서류를 다 챙기자 고토 씨는 손바닥만 한 공룡 인형이 누워 있는 작은 침대 모형을 꺼내셨다. 고토 씨는 직접 공룡을 이리저리 움직이며 잠을 자고 일어난 공룡이 침대와 이불 껍데기를 벗겨 빨래통에 넣는 것까지 자세히 시연해주셨다. 체크아웃 할 때 똑같이 해달라는 말이었다. 이런 귀여운 체크인은 처음이었다.

'교토는 참 상냥한 곳이네~'

다음 날 서둘러 세수만 겨우 하고 짐을 꾸려 숙소를 나왔다. 아침 일찍 철학의 길을 걷는 게 이번 여행의 중요한 일이었기 때문이다. 철학의 길은 아주 소박했다. 돌멩이가 발에 채이기도 하는 작은 길이었다. 주변은 주민들이 사는 조용한 주택가인데 그래도 명색이 명소라고 가끔 카페나 레스토랑이 나오기도 했다. 하지만 보물찾기하듯 찾아야 하는 수준이었고 대놓고 장사를 하거나 시끄럽게 구는 곳은 거의 없었다.

신선한 아침 공기를 마시며 숙소에서 은각사 부근까지 갔다가 다시 은각사에서 난젠지까지 걸었다. 철학의 길을 즐기는 방법은 끝에서 끝을 천천히 걷는 것이다. 길이 좁아서 혼자 걷기 딱 좋다. 철학자는 명상하며 걸었다고 하는데

나는 아무 생각을 하지 않았다. 아니, 생각을 없애보려고 노력했다. 뇌를 청소한다는 기분으로 천천히 걷기만 했다. 머리가 복잡할 때면 가끔 뇌를 꺼내서 구석구석 부드러운 미세모 칫솔로 깨끗하게 씻고 싶다는 생각을 한다. 하지만 실제로 시도할 수 없고 앞으로도 우주인을 만나거나 그런 일이 없는 이상 그럴 수 없을 테니, 이렇게 우회적인 방법을 사용해보기로 한 것이다. 그런데 효과가 있었냐고? 정말 효과가 있었다!

난젠지까지 내려와 조금 더 걸으니 정원이 유명한 무린안이다. 정치가였던 야마가타 아리토모의 별장이었다는데 작은 골목길 안으로 들어가야 입구를 찾을 수 있다. 무린안이라는 이름의 뜻은 '이웃이 없는 초가집'으로 지어질 당시에는 주변에 다른 집들이 없었나 보다. 지금은 담장을 넘으면 차가 달리고, 건너편에는 북적북적 사람들이 가득한 동물원이 있다. 하지만 무린안 입구를

로쿠로쿠 게스트하우스와 무린안

1 체크인, 조식을 제공하는 세키(席)에서 멋진 정원을 즐길 수 있다
2 무린안 앞쪽의 산이 배경처럼 펼쳐져 정원의 한 부분이 된다
3 로쿠로쿠의 여성 도미토리 모습, 방 안에 화장실과 샤워실이 있다
4 무린안으로 들어가는 골목길, 가까운 곳에 동물원과 유명 두부요릿집이 있다

들어서면 고요하고 적막한 분위기가 흐를 뿐이다.

무린안에는 정원과 나무로 지어진 가옥 그리고 현대식 서양 건물이 함께 있다. 유명한 정원은 연못을 중심으로 작은 야트막한 언덕과 나무들 그리고 각종 식물이 어우러져 있는데 아기자기하니 둘러보는 재미가 있다. 땅을 뒤덮고 있는 이끼의 모습이나 언덕에 만들어진 작은 폭포를 찾아내는 일도 즐겁다. 정원 산책길을 따로 정해두고 표시해두어 그 길을 따라 걸으면서 정원을 관람할 수 있다.

정원과 뒤쪽으로 난 산이 겹쳐지며 만들어내는 풍경은 무린안의 자랑 중 하나다. 한 폭의 그림처럼 하늘과 산 그리고 정원이 어우러진다. 사실 돌아보는 데는 10분도 걸리지 않았지만 정원을 바라볼 수 있는 일본식 마루에 앉아 20~30분 정도 멍~하니 감상했다. 마치 다른 세상에 도착한 것처럼 한참을 두리번댔다. 나와 동시에 들어온 어떤 소녀는 작은 스케치북과 필기구를 꺼내 그림을 그리기 시작했는데 교토 여행에서는 이런 모습이 낯설지 않았다.

주변을 거닐다 익숙한 숙소에 돌아왔다. 이곳 로쿠로쿠는 교토를 여행할 때마다 찾는데, 한번은 고토 씨 대신 어여쁜 여자분이 체크인을 해줬던 적이 있다. 어여쁜 여자분도 고토 씨만큼이나 상냥하게 공룡 인형으로 침대시트와 이불커버 벗기기 시연을 해주셨다. 몇 초간이지만 그 순간이 즐거웠다.

로쿠로쿠를 몇 번 이용했더니 주인 고토 씨가 짧은 메일도 보내주셨다. 아마도 숙박했던 손님들에게 의례적으로 보내준 것 같았는데, 참 귀여운 메일이었다. 눈이 오던 날이라며 사진도 함께 보내주셨다. 펄펄 눈이 내려서 새하얗게 변해버린 교토였다. 보고 있자니 문득 교토가 그리워졌다.

눈이 내리는 교토, 보고 싶다.
그리고 공룡 인형과 침대를 이용한 체크아웃 시연 장면도 또 보고 싶다.

훈훈한
동네 히로사키

아오모리 3박 4일 여행의 동선과 위치를 고려해 히로사키에 숙소를 정했다. 실제로 가보니 히로사키에 숙소를 정하길 잘했다는 생각이 들었다. 소소하고 귀여운 동네 히로사키에는 벚꽃놀이 명소로 알려진 히로사키 성을 비롯해 서양식 건축물 등이 남아 있었고, 시라카미 산지, 세비엔까지 이동하기에도 좋았다.

"안녕하세요~ 히로사키는 처음이시죠?"

"오잉~ 안녕하세요! 한국말 너무 잘하시는데요~"

"네~ 저 한국말 배웠어요. 그런데 잘하지는 못해요"

푸사오 할아버지는 만나자마자 한국말로 인사를 하셨다. 젊은 시절 체조를 하셨는데 이후에 우리로 치자면 문화체육관광부 같은 기관에서 일하시면서 50번 넘게 한국을 방문했다고 하셨다. 푸사오 할아버지는 은퇴하신 뒤에는 사모님과 함께 여행자들을 반갑게 맞이하는 게스트하우스의 주인이 되셨다. 아오모리현에서 태어나신 할아버지는 지금까지 살고 있다며 아오모리에 대한 애정이 넘치셨다.

하얀색 개가 늠름하게 서 있었다. 개를 무서워하는 사람이라면 분명 무서워할 정도의 크기였다. 중형견인데 눈매가 살짝 흐렸다. 차라가 벌써 15살이라 나이가 눈매에 나타나는 건가? 눈매를 제외하면 털 관리나 건강관리가 잘 되고 있는지 깨끗하고 건강해 보였다. 얌전하고 조용해서 있는 듯 없는 듯 주인집 개의 역할을 잘하는 개였다. 아침을 먹을 때 와서 뭐라도 얻어먹고 싶어하는 눈빛과 행동을 조금 한 것 빼고는 정말 순하고 조용했다.

집은 2층 주택이었고 2층에는 넓은 다다미방과 침대가 있는 방이 있었다. 작은 부엌과 화장실, 욕실도 있어 단독으로 사용하기에도 좋았다. 벽 한쪽에는 커다란 지도가 있었는데 그동안 다녀갔던 손님들이 자신의 나라에 별표 스티커를 붙여둔 모습이었다. 미국, 호주, 이탈리아, 대만, 태국 그리고 한국도 있었다.

나는 정원이 보이는 1층 다다미방에 머물렀다. 날씨가 쌀쌀해서 문을 닫고 있었지만, 따뜻한 날 문을 열어두면 앉아서 느긋하게 풍경을 즐길 수 있는 방이었다. 방에는 일본 전통 인형을 비롯해 도자기며 오래된 장식품 등이 놓여 있었고 그 중 한국의 선비 모습을 한 조각품이 눈에 띄었다. 1층 화장실에는 시라카미 산지의 주니코나 오이라세계류, 도와다 호수 등 아오모리 명소 사진이 가득 걸려 있었는데 푸사오 씨가 직접 찍은 사진이었다. 이

아오모리 푸사오 씨 댁

1 집 뒤쪽의 작은 하천, 백조가 놀러온다는데 진짜일까?
2 아오모리 여행의 잠자리가 되어주었던 1층 다다미방
3 푸사오 씨 집을 지키는 강아지 차라
4 매일 아침, 다른 메뉴인 아침밥

곳에서 지내는 동안 푸사오 씨 사진을 구경할 수 있는 화장실 타임이 은근히 즐거웠다.

이곳은 일종의 주인과 함께 지내는 민박 같은 느낌으로 조식을 비롯해 이것저것 챙겨주신다. 대도시를 떠나서 소도시 여행을 하면 특히 이렇게 현지인과 만나는 경우에는 뭔가 대도시에서 느낄 수 없는 소소하고 기분 좋은 정을 느낄 수 있어서 좋다. 내가 지낼 방에는 와이파이 비번과 히로사키 관광 안내지, 욕실용 타월과 조금 작은 수건, 시원한 물 한 통이 준비되어 있었는데 나중에 사모님께서 뜨거운 물이 가득 든 보온병도 챙겨주셨다(차라는 뒤에서 힐끔힐끔 구경하고 있었다).

도착한 첫날 푸사오 씨와 사모님이 슈퍼를 같이 가겠느냐고 물어보셨다. 가깝다고 하셔서 따라나섰는데 정말 가까웠다. 집 뒤로 작은 개울이 흘렀고, 그 개울을 건너면 커다란 주차공간이 있는 큰 슈퍼마켓이었다. 늦은 시간인데도 쇼핑을 나온 동네 주민들이 많았는데 그 틈에서 뭔가 할머니 할아버지를 따라 나온 손녀 아니면 친척 어르신 댁에 들렀다 같이 밤마실을 나온 조카 같은 기분이랄까. 그렇게 쪼르르 두 분을 따라 슈퍼로 들어섰다. 내일 아침거리를 비롯해 이것저것 쇼핑을 하시는 두 분을 눈에서 놓치지 않으면서 우유와 요구르트 등을 슈퍼 바구니에 주워 담았다. 계산하고 슈퍼를 나오는데 사모님이 말씀하셨다.

> "이 개울에 백조가 놀러와요.
>
> 근데 그 백조가 꽤 커서 처음 보는 사람은 엄청 놀라요"

이 작은 개울가에 우아한 백조가 온다니 놀랍다. 그리고 유창하게 영어로 설명하시는 사모님도 놀랍다. 여행 내내 사모님과는 영어로, 푸사오 씨와는 한국어로 이야기했다. 외국인에게 외국어로 사랑하는 동네를 자랑하면서 노년의 소소한 하루하루를 즐겁게 보내는 두 분이 참 멋졌다.

다음 날 아침 조식은 따뜻한 토스트와 달걀, 소시지와 샐러드였다. 다음 날은 무려 야키소바를 만들어주셨고! 신선한 주스, 커피, 시리얼과 우유 등도 셀프로 먹을 수 있었다. 식탁 주변을 어슬렁거리던 차라는 자신에게 음식을 주지 않을 거라고 단념했는지 해가 잘 들어오는 곳에 벌렁 드러누워버렸다.

멋진 노부부가 사는 이 집의 작은 단점은 대중교통이 좀 불편하다는 것. 집 앞으로 버스가 다니곤 하는데 한 시간에 한두 대뿐이다. 기왕 이렇게 된 거 긍정적으로 생각하며 동네 탐험을 하기로 하고 아침저녁으로 즐겁게 골목골목을 걸으며 기웃거렸다. 깨끗하고 단정한 주택들이 직사각형이나 정사각형으로 줄줄이 서 있고 차들은 정해진 곳에 쏙쏙 들어가 있는 모습이 보기 좋았다. 히로사키 푸사오 할아버지 댁의 5분 거리엔 아담하고 귀여운 공원이 있고, 공원에서 조금 더 걸으면 소박한 맨션이 나온다. 그 맨션 너머로 눈이 덮인 이와키 산도 볼 수 있다. 높은 건물이 많지 않은 히로사키 어디에서 바라봐도 이와키 산이 보였다. 문득 이 동네 사람들은 아침저녁으로 이와키 산을 보면서 지내고 있었으리라 생각하니 뭐랄까 정신적인 어떤 힘이 느껴졌다. 이와키 산은 이렇게 계속 히로사키 동네 사람들을 바라보며 그 자리에 서 있겠지.

히로사키 푸사오씨 댁

안녕하세요 푸사오입니다. 반가워요~
오! 한국말 잘하시네요~

한국에 많이 갔어요. 한국말 초콜 공부 했어요.
Nice to meet you~
푸사오 할아버지
푸사오 할머니

오... 게스트하우스를 운영하는 외국어를 공부하시는 노부부라...
멋지다~

멍~
푸사오씨댁 지킴이 차라

저는 개집사~
동물이 있는 숙소를 일부러 찾아가요.

동네를 매우 사랑하는
써니 아줌마

처음 가는 후쿠야마의 주택가. 가로세로로 정확히 그려진 지도 덕분에 밤이라도 길찾기는 그리 어렵지 않았다. 미리 예약한 써니하우스에 도착하자 주인아주머니는 놀란 토끼 눈으로 나와 친구를 맞이했다.

"택시 안 타고 버스 타고 온 거예요? 너무 잘 찾았다~"

늦은 밤이었는데도 아주머니는 정말 에너치 넘치는 표정과 말투로 게스트하우스 구석구석을 소개해주셨다.

"우리 동네에 와줘서 고마워요!"

이 말을 10번은 들은 것 같다.
후쿠야마는 히로시마와 가까운 히로시마현의 도시다. 히로시마에서 재래선

후쿠야마 써니하우스

① 조용한 주택가의 단정한 2층 집이었다
② 입구부터 집 곳곳에 귀여운 일러스트가 가득
③ 둘이서 여유롭게 굴러다닐 수 있었던 다다미방

으로 약 2시간 30분이 걸린다. 신칸센으로는 30분이지만 가격이 사악하니 접어두기로 한다. 사실 후쿠야마는 산업이 발달한 중소도시로 유명한 관광지는 없어 관광객이 많이 찾는 편은 아니다. 우리가 찾은 써니하우스 주변은 조용한 주택가였고, 역에서는 걸어서 20~30분이 걸렸다. 아무래도 여행객이 자주 찾는 곳이 아니니 이렇게 반가워해주시나 싶었다.

써니하우스는 단정하게 생긴 2층집이었다. 머물렀던 3일 내내 아무도 없어서 내 집처럼 편하게 지냈는데 특히 커다란 부엌이 좋았다. 이곳에서 저녁 늦게 간식을 사와 늘어놓고 먹기도 하고, 아침 일찍 식탁에 앉아 친구와 여행 계획을 세우기도 했다. 입구와 집 곳곳에는 아들이 그렸다는 귀여운 일러스트도 걸려 있었다. 특히 환하게 웃고 있는 노란 태양이 너무 귀여웠는데 써니 아주머니를 아들이 그렇게 생각하고 있구나 싶었다. 역시 사랑받는 엄마잖아~

써니 아주머니는 궁금한 게 많으셨다. 나와 친구는 어떤 사이인지, 왜 후쿠야마에 왔는지, 오늘은 어디서 뭘 했는지, 내일은 어딜 가려는지, 먹고 싶은 건 없는지…. 쉴 새 없이 물으셨다.

그동안 히로시마와 미야지마를 둘러봤고 내일은 도모노우라와 오노미치에 갈 예정이라고 여행 계획을 말씀드렸더니 아주머니는 물개 박수를 치며 좋아하셨다. 정말 좋은 코스라며 자신의 일처럼 좋아해주시고, 지도와 자료를 늘어놓고 버스는 어디서 타면 되는지, 역까지는 얼마나 걸리는지 꼼꼼하게 알려주셨다. 동네를 매우 사랑하시는 써니 아주머니는 낯선 곳에 떨어진 두 이방인을 앞에 두고 무한 친절을 베풀고 계셨다.

하지만 온종일 걷고, 밤늦게 숙소에 도착한 우리는 물에 불린 미역처럼 흐느적거리고 있었다. 슬금슬금 눈꺼풀도 내려앉기 시작했다. 정신이 자꾸만 혼미해지려는 순간이 찾아와서 친구와 교대로 아주머니의 눈을 맞추며 이야기를 들었다. 이렇게 설명해주셨는데 도모노우라와 오노미치를 안 가면 큰일 나겠다 싶었다. 이야기를 한참 듣다 보니 어느덧 자정. 써니 아주머니는 언제 그랬냐는 듯 이제 가봐야겠다면서 서둘러 떠나셨다. 동시에 우리는 겨우 붙잡고 있던 정신줄을 놓고 그대로 쓰러졌다.

SUNNY HOUSE
in 후쿠야마

Chapter 3

취향 수집

취향 수집

봄의 도쿄
벚꽃놀이

겨울이 조금 물러난 자리에 벚꽃이 피어나면 일본 사람들은 가족이나 지인들과 벚나무 아래 돗자리를 깔고 앉아 술을 마시거나 맛있는 음식을 먹으며 흩날리는 꽃을 구경한다. 이게 바로 일본 봄철 전통인 '하나미(花見)'다. 원래 하나미는 귀족들이 즐기던 놀이였지만 점차 서민들의 문화로 계승되어 지금까지 이어지게 되었다.

여기서 제일 중요한 것은 일본 벚꽃 여행의 포인트는 장소보다 시기이다. 만개일 전후 1~2일 사이에 벚꽃이 가장 풍성하게 피어나기 때문에 이때를 공략하면 좋다. 비가 오거나 천재지변이 아니라면(일본이 천재지변이 많은 나라긴 하다) 이때 가장 아름다운 꽃을 볼 수 있다.

여기서 잠깐, 혹시 일본의 국화가 무엇인지 아시는지? 일본의 국화를 벚꽃으로 알고 있는 사람들이 많은데 이는 사실이 아니다. 일본 하면 가장 먼저 떠올리는 꽃이며, 일본 사람들이 좋아하는 꽃임에는 틀림없지만 일본은 공식적으로 국화를 발표한 적이 없단다. 다만 일본 왕실을 상징하는 꽃을 국화(菊花)

로 두고 사용하고 있다고.

도쿄 곳곳에는 하나미를 즐길 수 있는 벚꽃 명소가 있다. 특히 도쿄타워가 보이는 시바 공원이나 스카이트리가 보이는 스미다 공원 등은 여행자들에게도 널리 알려진 명소다. 사실 특별한 명소가 아니더라도 곳곳에 벚꽃이 만발하기 때문에 이 시기엔 집 주변 벚꽃이 있는 곳이 현지인들의 벚꽃 명소다.

하지만 여행자는 집이 없으므로, 가이드가 필요한 법. 마침 순위 매기기 좋아하는 일본인들이 벚꽃 명소 100선을 꼽아 발표한 자료가 있었다. 일본벚꽃의회(日本さくらの会)에서 '일본 전국에서 선정한 벚꽃 명소 100선'이라는 이름으로 발표한 자료인데, 이 자료에 속한 도쿄 벚꽃 명소는 8곳이다. 그중 관광객이 접근하기 비교적 쉬운 6곳은 우에노 공원, 신주쿠 교엔, 스미다 공원, 치도리가후치료쿠도, 고가네이 공원, 이노카시라온시 공원이다.

도쿄의 벚꽃 명소
1 밤에 더 예쁜 나카메구로 벚꽃
2 아침 일찍 보면 더 예쁜 우에노 공원 벚꽃
3 풍성한 벚꽃을 만날 수 있는 무사시노 공원

저녁 비행기를 타고 도쿄 나리타 공항에 도착했다. 하네다 공항이 도쿄 도심과 더 가깝지만, 저가항공편은 하네다행이 아쉽게도 별로 없다. 꾸역꾸역 1시간이 넘는 열차를 타고 숙소가 있는 아사쿠사까지 왔다. 그래도 해가 있을 때 출발했는데 게스트하우스에 도착하니 깜깜하다. 상당히 게으른 나지만, 3박 4일 일정을 야무지게 보내겠노라 결심했으므로 게스트하우스에 짐을 내려놓고 시원한 밤공기를 마시며 밖으로 나왔다.

그리고 아사쿠사 역 4번 출구로 나와 대각선 방향의 스미다 공원으로 향했다. 걷는 동안 오른쪽에는 스미다 강이 흐르고 건너편에는 스카이트리가 반짝인다. 평일 밤인데도 사람들은 많았다. 이들을 따라 걸으니 벚꽃 비가 내리는 벚꽃 길이 등장했다. 이곳에도 연인, 친구, 가족이나 회사 모임 등으로 함께 밤 벚꽃놀이를 즐기는 사람들이 가득했다.

깜깜한 밤 라이트 업되어 빛나는 벚나무들과 스카이트리를 보고 있자니 혼자라는 게 조금 아쉬워졌다. 스미다 강에 스카이트리가 비치는 모습도 그림같이 예뻤는데…. 돌아보니 한 노부부가 소곤소곤 이야기를 나누며 걷다가 풍성한 벚나무 아래서 서로의 사진을 찍어주고 있었다. 커플 셀카를 즐기고 있는 젊은 커플도 보였다. 그 모습이 예뻐서 그만 배시시 웃었다.

다음 날 아침 게으른 여행자가 새벽같이 잘도 일어났다. 하이라이트인 우에노 공원의 낮의 벚꽃을 보러 가기 위해서다. 공원은 아침 일찍부터 구경할 수 있으니까 서둘렀다. 정말 서둘렀다고 생각했는데 우에노 역에 내리니 관광객이 넘실대고 있었다. '세상에… 도쿄 사람들은 참 부지런히 사는 구만'하고 좌절했는데 나중에 가까이 가보니 대부분 중국인 여행자들이었다. 도쿄 곳곳을 다니면서 이렇게 많은 중국인 여행자들을 본 적은 처음이었다. 마치 중국인 여행자들이 공원을 가득 채울 것 같은 기세였다. 이리 치이고 저리 치이며 줄줄이 입장하는 틈에 끼어서 우에노 공원을 걸었다. '이건 벚꽃놀이도 아니고 산책도 아니고 행군인가?' 싶었지만 다행히 눈앞에 벚꽃들이 예뻐서 참기로

했다. 일단 왔으니 이곳의 벚꽃들을 기억할 만큼은 구경해야지.

이곳 우에노 공원이 스미다 공원과 다른 점은 벚꽃 종류가 좀 더 다양하다는 점이다. 수양버들처럼 아래로 죽죽 늘어진 벚꽃도 있고 색이 다른 벚꽃도 있다. 밤의 벚꽃은 흰색인지 분홍색인지 구분이 잘 안 되었지만 낮에 보는 벚꽃은 진한 핑크빛과 좀 더 하얀 핑크빛으로 물들었다. 더구나 날씨가 좋아 파란 하늘이 분홍 분홍한 벚꽃과 너무 잘 어울렸다.

누군가 일본 여행이 처음인데 어딜 가면 좋겠냐고 묻는다면, 나는 장소가 아닌 시기를 추천하고 싶다. 벚꽃이 만개한 그 찰나, 봄의 일본은 들뜨고 설레는 분위기가 있다.

의외로
멋진 곳

여행을 좋아하지만 소심하고 걱정이 많아 처음 가는 곳을 혼자 무작정 떠난다거나 먼 곳을 주저 없이 선택하는 여행자는 아니다. 남미나 아프리카를 여행한다는 것은 상상해본 적도 없고 스스로 계획을 세울 일도 없을 것 같다. 멀리 그리고 새로운 세계로 여행을 결심하고 떠나는 분들을 보면 부럽고 멋지다.

그 대신 나의 작은 여행들 즉, 갔던 도시를 다시 가거나 가볍게 동네 마실을 다니면서 진지하게 그곳을 바라보려고 노력한다. 마음가짐 자체만은 남미나 아프리카 아니면 우주 여행이라도 하는 사람처럼 하는 것이다. 익숙한 장소, 별로 다르지 않은 풍경에서 얼핏 보면 같아 보이지만 그 장소만의 분위기와 표정을 만나려고 노력한다. 꼭 특별한 장소가 아니더라도 장소마다 고유의 분위기와 표정이 있기 때문이다.

그래서인지 도시재생프로젝트를 좋아한다. 오래된 장소에 새로운 풍경을 만들어내는 일, 특히 도시가 후줄근해져서 사람들의 관심이 멀어진 곳들을 멋지게 만드는 일을 좋아한다. 크기에 상관없이 새롭게 바뀐 공간을 찾는 것은 언제나 즐겁다.

언젠가 〈KBS 특선 다큐 도시가 살아난다〉라는 프로그램을 본 적이 있다. 방송에선 세계의 도시재생프로젝트들을 소개하며 오래된 장소의 새로운 공간이 사람들의 삶을 어떻게 바꾸는지 보여주었다. 그중 눈에 띄었던 장소는 2부에 등장한 간다 만세바시에 있는 마치에큐트(マーチエキュート神田万世橋)라는 상업시설이었다. 아키하바라 역에서 걸어서 5분, 간다 강이 흐르는 만세바시 다리 건너에 있는 곳이다.

방송을 보고 '언젠가 가봐야지'하다가 찾아 갔는데 마침 비가 오는 바람에 한 손엔 우산을 들고 또 한 손엔 스마트폰을 들고 지도를 보면서 한참을 헤맸다. 비가 와서 불어난 강은 넘실대고, 다리 건너로 마치에큐트가 보였다. 강이라고 하기엔 조금 폭이 좁은 느낌인데 도심으로 들어오면서 좁아졌으리라. 붉은 벽돌의 이 건물은 원래 만세바시 역이었다고 한다. JR 주오선으로 간다 역과 오차노미즈 역 사이 역이었고 이후 교통박물관으로 사용되었다.

2013년 9월 새로 오픈한 마치에큐트는 공간을 그대로 살려 상업시설로 리뉴얼했는데, 건물을 관통하는 아치의 모습으로 유명하다. 원근감이 넘치는 이 공간은 사진을 찍으면 정말 그럴듯하게 나온다. 이곳엔 상점들과 레스토랑,

마치에큐트 입구
간다 강 건너 붉은색 벽돌과
둥근 아치의 건물이 보인다

카페가 입점해 있고 잠깐 쉴 수 있도록 폭신한 의자와 넉넉한 테이블을 놓기도 했다. 통유리로 된 문을 열고 나가면 간다 강변의 테라스도 즐길 수 있는데 비가 세차게 오는 바람에 안타깝게도 이곳은 테라스로 나갈 수 없었다. 어쩔 수 없이 간다 강의 강물이 불어 무섭게 넘실대는 모습을 그저 바라보는 정도로 테라스 탐험은 마무리했다.

마치에큐트에 입점한 가게들은 모두 흥미롭다. 그림엽서와 책, 잡화를 팔고 있는 Library에는 만세바시 역 주변을 재현한 커다란 모형이 있다. 사람들은 이 모형을 사진으로 담고 있었는데 버튼을 누르면 밤과 낮의 모습을 번갈아가며 보여준다. 깜깜해진 미니어처 건물들 사이로 노르스름한 불빛이 새어나오는 밤의 도쿄 역과 시내의 모습은 참 예뻤다. 손가락만 한 건물과 손톱만 한 사람들 그리고 나무와 전차 가로등 같은 소품이 어찌나 깨알 같은지 디테일이 장난 아니었다.

수제 맥주로 유명한 히타치노 브루잉 라보(Hitachino Brewing Lab)와 『미슐랭가이드 도쿄』 2015, 2016에 이름을 올린 긴자 무기토올리브(むぎとオリーブ) 2호점도 있다. 라멘집이라고 소개되지만 정작 이곳은 누들집이라고 표기하고 메뉴에는 소바라고 쓰여 있다. 닭고기 육수의 깔끔한 맛의 도리소바(鶏Soba)가 대표 메뉴다. 마치에큐트에서 가장 유명한 곳은 아무래도 'N3331'이 아닐까 싶다. 열차가 지나다니는 중간에 있는 이곳은 카페 겸 바인데, 낮에는 런치 메뉴를 팔기도 해서 열차가 지나다니는 중간 지점에서 밥을 먹는 색다른 경험을 할 수 있다. 내가 챙겨보았던 다큐 프로그램에서 이 가게의 장면이 몇 분 등장했는데, 엄마와 함께 온 꼬마가 열차가 지나가는 순간에 얼마나 좋아하던지 덩달아 덩실덩실 기분이 좋았다. 열차를 좋아하는 어린이들에게는 더더욱 특별한 경험이 되겠지.

N3331은 도쿄 간다 지역에서 아트프로젝트를 기획해 온 'commandN'이라는 그룹이 기획한 아트 공간이다. 꼬리의 꼬리를 무는 검색을 하다보면 갑자

마치에큐트와 아트 치요다 3331

1 독특한 아치가 매력적인 마치에큐트
2 학교 시설들이 남아 있는 아트 치요다 3331
3 가타야마 마리의 독특한 작품세계 구경 중
4 아트 치요다 3331 1층의 모습

기 보물을 찾을 때가 있는데 이날이 그랬다. commandN의 인터뷰를 보다가 재미있는 공간 '아트 치요다 3331'을 덩달아 찾은 것이다.

N3331도 아트 치요다 3331도 뒤에 3331이 붙는데 우연일까 해서 찾아보니 3331은 일본인들이 경사스러운 일이 있을 때 손뼉을 치는 풍습(江戸一本締め)에서 온 숫자라고 한다. 월드컵을 계기로 '대~한민국~ 짝짝짝짝짝~'하는 이 구호와 손뼉 치기를 모르는 한국인은 없을 터. 3331은 일본인에게 기분 좋은 일이 있을 때 감사의 의미로 '이요~ 샨(짝), 샨(짝), 샨(짝)!'하며 손뼉을 치는 일에서 따온 숫자라고 한다.

아트 치요다 3331은 본래 폐교된 중학교 건물로 2009년 리뉴얼을 시작해 이듬해 오픈했다. 홈페이지 소개 글을 보면 유모차를 동반한 엄마들, 주변의 직장인들, 예술에 관심을 가진 사람이라면 누구나 와서 공간을 이용하길 바란다는 소박한 바람과 더불어 도쿄뿐 아니라 일본, 동아시아를 비롯한 새로운 예술의 거점이 되고 싶다는 당찬 포부를 함께 써 놨다. 동네 맛집이 세계적인 맛집이 되는 시대니까 이런 목표를 갖는 게 이상한 일은 아니겠지.

아트 치요다 3331은 시원한 마당을 가지고 있었는데, 중학교의 운동장이었다는 걸 고려하면 또 그리 큰 편은 아닌 것 같다. 이곳은 홈페이지에서 읽은 것처럼 누구나 와도 되는 편한 분위기였는데 그래서인지 노숙자 할아버지도 한 분 계셔서 슬금슬금 피해서 건물로 들어가야 했다. 1층에는 학교 분위기를 살려 옛날 학교에서 썼을 법한 의자와 책상, 반대편 벽에는 커다란 칠판까지 두었다.

가는 날이 장날이라고 화요일에 방문했는데 많은 전시가 쉬고 있었다. 그래도 건물은 둘러볼 수 있어서 3층에서 천천히 내려오면서 불 꺼진 공간들을 구경했다. 수도꼭지는 옛날 느낌 그대로, 화장실은 아주 깨끗하게, 보이는 곳

Foodlab
현미밥이 포함된 정식 메뉴 880엔

보이지 않는 곳에서 옛날과 현재의 모습이 조화를 이루고 있었다. 1층 한쪽 공간에는 3331 Art Fair에서 선출된 1987년생 젊은 작가 가타야마 마리(片山真理)의 전시가 있었다. 선천적 질병으로 9세에 두 다리가 절단된 작가는 어린 시절부터 겪어온 주변의 시선, 친구들의 따돌림 등의 경험을 행위 예술을 비롯한 다양한 방법으로 표현하고 있었다. 처음 만난 작가의 작품인데 인상이 강렬해 아직도 또렷하게 기억이 난다.

점심 무렵이 되자 사람들은 직접 싸온 도시락을 1층 공간에서 먹기 시작했다. 이럴 줄 알았으면 편의점에서 도시락을 하나 사올걸 그랬다고 생각하다가 1층 Foodlab & 술집연구소(Foodlab & 居酒屋らぼ)라는 곳이 보여 얼른 런치세트를 주문했다. 그리고 도시락 먹는 사람들이 보이는 자리에 냉큼 앉았다. 직장인으로 보이는 무리, 유모차를 동반한 엄마들, 소풍에 신난 아이들을 천천히 구경하며 880엔짜리 점심상을 야무지게 싹싹 비웠다.

우연히 만난 멋진전시

?
이건 뭐지?
바지 같기도하고
인삼 같기도 하고

다리 같기도 하고
집게 같기도한
이상한 모양

가타야마 마리라는
미모의 작가는
선천적인 질병으로
9세에 다리를 절단,
독창적인 작품세계를
보여주고 있었죠.

예술은
잘 모르지만
흥미롭네~

시각적인 충격 뿐 아니라
신체를 통해 정체성에대해
생각해 볼수있는
전시였어요~

공원 데뷔와
마을 만들기

일본 영화나 드라마를 보면 놀이터나 공원에 삼삼오오 모인 젊은 엄마들이 자주 등장한다. 이들은 20~30대의 젊은 여성들로 보통 걷기를 시작하는 아이부터 초등학교 진학 전인 아이를 둔 엄마들이다. 주로 아이들은 아이들끼리 주변에서 놀고 있고, 엄마들은 아이들이 먹을 쿠키나 빵 등 간단한 간식을 챙겨 다른 아줌마들과 수다 떠는 모습이 대부분. 아이가 둘 이상인 경우도 있는데 이 경우 둘째를 태운 유모차를 동반하기도 한다.

2015년 한국에서도 개봉한 일본 영화 〈너는 착한 아이〉에는 이런 공원의 엄마들 모임 장면이 등장한다. 주인공 중 한 명인 '미즈키'는 공원의 엄마들 모임에서는 이상할 것 없는 평범하면서도 제법 모범적인 엄마다. 하지만 집으로 돌아가면 어린 시절의 상처를 고스란히 안고서 자신도 모르게 딸에게 상처를 입히고 있다. 결국 공원 멤버의 한 명이었던 '오오미야'는 그런 그녀의 비밀을 알아차린다. 이후 미즈키를 향해 오오미야가 한마디를 하는데 그 말을 듣고 관객의 한 사람으로 심장이 쿵~ 하고 내려앉는 느낌이었다. 오오미야는 미즈키의 마음을 읽고 있었던 걸까. 아이를 키우는 부모나 어린 시절 마음의 상처가 남은 성인들에게 꼭 추천하고 싶은 영화다(심장이 쿵~ 하고 내려앉은 장면은 스포일러가 될 수 있으니 영화를 보고 확인해주세요~).

그러던 어느 날 어떤 글을 읽다가 알게 된 사실. 일본에서는 처음으로 공원에 아이를 데리고 나오는 걸 '공원 데뷔'라고 한단다. 데뷔라는 단어를 이렇게도 사용한다고 해서 조금 신선했다. '공원 데뷔'를 하게 되면 다른 엄마들과 만나고 소통하면서 육아를 비롯한 지역 정보를 얻게 된다. 아이를 키우는 친구들이 '문센(백화점 문화센터)' 이야기를 하던데 그것과 비슷하려나 싶다.

요즘 엄마들은 주로 인터넷으로 정보를 얻지만, 1980년대 일본에서는 공원 데뷔를 통해 지역의 정보들을 공유했다. 이때 도쿄 변두리의 한 공원에서 만난 3명의 엄마는 재미있는 기획을 시작한다. 바로 그녀들이 사는 동네의 지역 정보지를 만들자고 결심한 것이다.

그녀들은 각각 다른 동네에 살았는데 비교적 가까워서 한 구역으로 묶기 좋았다. 동네는 달라도 오래된 건물, 신사와 절, 복고풍 상점가가 있는 소박한 풍경은 비슷했다. 이들은 동네를 하나의 이름으로 묶어 부르기로 했는데 그게 바로 '야네센(谷根千)'이었다. 이름은 단순하다. 각 지역의 이름인 야나카(谷中), 네즈(根津), 센다기(千駄木)의 앞 자를 따서 만든 것이다. 그녀들은 직접 돌아다니며 지역의 정보를 모았고 잡지를 만들었다. 처음엔 세 엄마가 벌인 일에 아무도 관심이 없었지만, 주변의 도움으로 상당한 반응을 얻고 급기야 야네센 유한회사를 만들게 된다. 하지만 이제 잡지는 더이상 출판되지 않는다. 그래도 이들이 만든 야네센이라는 명칭은 꽤 유명해져 지금은 해외여행자들에게도 친숙하다. 처음에 야네센이라는 이름을 들었을 때 행정구역상의 이름인 줄 알았는데 귀여운 세 엄마가 만들었다는 이야기를 듣고 나니 왠지 정감 있고 따뜻한 느낌이 들었다.

갈 곳이 너무 많은 도쿄인지라 사실 야네센을 가봐야지 하면서도 막상 도쿄

여행 계획표에 넣어본 적은 한 번도 없다. 그런데 기회가 왔다. 일정을 넉넉하게 잡아서 그동안 가보지 못했던 곳들도 스케줄 표에 잔뜩 넣어둔 것이다. 야네센 탐험은 보통 JR 닛포리 역에서 시작한다. 닛포리 역에 내리면 바로 알 수 있다. 이곳이 오래된 동네라는 것을. 역에서 서쪽 출구를 통해 나와 길을 걸으면 야나카긴자에 도착한다. 야나카긴자로 가는 길에 멋진 벚꽃이 풍성하게 피어 있어 명소가 따로 없었다. 벚나무를 지나 야나카긴자로 들어서는 유야케단단(夕やけだんだん)이라는 계단을 만난다. 저녁노을 계단이라는 뜻인데 왜 이런 이름이 되었는지 역에서 발견한 포스터를 보면 이해가 간다.

"정말 예쁜 색의 저녁노을 명소로구먼~"

야네센 탐험
1 지하철에 붙어 있던 유야케단단의 노을 지는 풍경 포스터
2 야네센 여행의 시작, 닛포리 역

마음을 이끌었던 풍경과 소품들

1 닛포리 역에서 나오자마자 만난 화려한 벚꽃 터널
2 유야케단단에서 내려다본 야나카긴자 상점 거리
3 야나카긴자에서 만난 고양이들
4 고양이 소품이 가득한 잡화점 네코 액션

유야케단단 옆에는 고양이 잡화를 파는 네코 액션(Neko Action)이라는 작은 가게가 있다. 그냥 지나칠 정도로 작은데 여자 분들이 어찌나 많으신지 그냥 지나갈 수가 없었다. 이곳엔 야네센을 만든 3인방의 엄마들이 생각날 만큼 꼬마를 동반한 엄마들이 길거리에 많았다.

모든 잡념을 내려놓고 이곳 야나카긴자를 걸으면 상당히 평화롭다. 다닥다닥 붙어 있는 작은 가게들은 어느 곳 하나 정겹지 않은 곳이 없다. 특히 고양이가 많아서 고양이 마을로 불리기도 한다는데 고양이 모형과 관련 상품만 잔뜩 보고 정작 고양이는 만나지 못했다. 역시 개집사에게 고양이들은 쉽게 얼굴을 보여주지 않는 건가. 슬프도다. 나는 온라인에서 개집사로 활동 중인데 처음에 일본소설 『나는 고양이로소이다』를 읽고 개의 입장에서도 이야기를 만들어보자는 생각을 했다. 결국 드립으로만 가득한 별 볼 일 없는 '개집사일기'가 되었지만, 시작할 때의 포부만큼은 컸다.

감명을 받았던 『나는 고양이로소이다』는 일본의 셰익스피어라 불리는 작가 나쓰메 소세키의 첫 소설이다. 38세에 데뷔해 남긴 작품들은 하나같이 주옥같다. 특히 당대 일본인이 가졌던 생각들, 서로 나누던 이야기들이 재미있다. 당시 일본의 소시민도 물밀듯 밀려오는 자본주의와 서양의 문화들에 몸살을 앓았겠지 싶다. 작가와 배경에 관심이 없더라도 『나는 고양이로소이다』는 작품 자체로 특별한 소설이다. 주인공을 고양이로 하여 1인칭 관찰자 시점으로 쓰였는데 고양이가 사람들의 생활을 논하고 평가하고 이야기하는 게 제법 그럴듯하다. 정말 고양이들은 이렇게 생각하지 않았을까 싶을 정도다.

이 소설이 바로 야네센의 한 곳인 센다기 마을에서 쓰였다. 당시 센다기에 많은 문인이 살고 있었다는데 나쓰메 소세키는 센다기 57번지에 살았다고 한다. 이 집에서 『나는 고양이로소이다』가 탄생했다. 비록 고양이는 만나지 못했지만 고양이 마을임이 확실하다.

나는 결코 그렇게
겸손한 고양이가 아니다
나는 고양이다
이름은 아직없다
무능한 것이
월등한 것이다
약삭빠르지 않은 것이
월등한 것이다
나는
고양이로소이다.

백화점 | 길찾기 ★★★ | 포토스폿 ★☆☆

이렇게나
성실한 사람들

도쿄 여행의 소소한 재미 중 하나는 작고 예쁜 가게들을 실컷 구경하는 것이다. 여성들이 좋아하는 도쿄 명소 기치조지나 지유가오카에는 예쁜 소품이 가득한 가게가 많다. 기치조지는 단정하고 정겨운 분위기로 영화나 드라마 등 미디어에 자주 등장하고 '자유의 언덕'이라는 뜻의 이름도 예쁜 지유가오카는 고급스러움과 여유로움이 있는 아기자기한 동네다. 분위기는 살짝 다르지만 두 곳의 공통점은 골목길을 걷는 소소한 즐거움이 있다는 점. 길을 잃고 헤매도 좋은 곳이다. 개인적으로는 기치조지나 지유가오카 같은 소소한 분위기를 좋아하지만, 도쿄에 가면 그곳들보다 먼저 들르는 곳이 있다. 바로 화려한 긴자다.

원래 긴자에는 별 관심이 없었다. 그러다 도쿄 곳곳을 돌아다녀도 찾지 못했던 벚꽃 절임을 나카메구로의 한 대형 슈퍼마켓과 긴자의 어느 백화점 지하 한 찻집에서 겨우 찾아낸 적이 있다.

벚꽃 절임은 도시가 아닌 공기가 좋은 곳에 피어 있던 식용 벚꽃을 말려두었

다가 소금으로 절인 것인데 일본에서는 이 벚꽃 절임을 오니기리(御握り, 일본식 주먹밥)에도 넣어 먹고, 각종 디저트에도 넣어 벚꽃 한정 상품을 만들기도 한다. 벚꽃 시즌이면 벚꽃이 들어간 상품들이 쏟아져 나오는데 이때 벚꽃 절임이 한몫한다. 소금에 절여둔 벚꽃 절임은 소금을 탈탈 털어 물에 담가 소금기를 빼고 사용하면 된다(알아본 바로는 설탕에 절이는 벚꽃 절임도 있다는데 찾은 건 소금에 절인 벚꽃 절임뿐이었다).

벚꽃 절임을 구한 뒤로 나카메구로와 긴자는 '도쿄에서 없는 게 없는 곳'이라는 이미지가 생겼다. 특히 긴자의 백화점은 내게 일본, 아니 전 세계의 모든 것이 모이는 특별한 곳으로 인정받게 되었다(나에게 인정받아봤자 달라지는 것도 없지만).

긴자는 1612년 은화를 제조하는 관청이 있었던 데서 이름이 유래했다. 1869년 정식 지명이 되었고 지금까지 사용되고 있다. 긴자 일대는 원래 목조 건물

긴자 거리
1 대형 백화점과 유명 브랜드숍이 밀집한 긴자
2 차 없는 날에는 긴자의 차도를 걸을 수 있다

이 많았는데 대화재로 마을 전체가 불타버리자 불에 강한 벽돌을 만들어 2층 건물을 지었고 그것이 일본 최초 서구풍 상점가의 시작이 되었다. 그 후 관동 대지진으로 벽돌 건물의 상점가는 사라졌지만 화려한 상점가의 명맥이 지금까지 이어지고 있다.

긴자는 오래된 와코 백화점을 비롯한 백화점이 많은 어른의 쇼핑 거리다. 오랜 시간 멋쟁이들을 불러 모았던 매력을 지금도 찾을 수 있다. 명품 브랜드들의 매장이 우뚝우뚝 서 있어 위엄이 있어 보이기도 하고, 무엇보다 커다란 건물들 사이로 하이힐을 신고 지나가는 세련된 도시 여성들이 넘쳐난다. 역시 도시의 분위기를 만드는 것은 그 무엇도 아닌 사람들이다.

요즘엔 어딜 가나 화려한 쇼핑센터들이 많아져서 조금 진부할 수도 있겠지만 긴자에서 백화점은 빼놓을 수 없는 필수코스다. 특히 지하 식품관인 데파치카('Department Store 지하'의 준말로 일본 사람들이 사용하는 단어)에는 유명 베이커리와 식재료가 한데 모여 있고, 고층에는 서점과 휴식 공간이 있어 시간이 부족한 여행자가 잠시 들르기 좋다. 게다가 백화점은 쇼핑하기 좋은 온도와 습도가 유지되고 있으며, 화장실도 깨끗하고 쾌적하다. 충분히 쉬고 싶다면 코너에 있는 고급스러운 찻집에 들어가도 좋다. 긴자의 백화점에는 멋진 카페가 있는 경우도 많다(긴자 미쓰코시 백화점 2층에는 마카롱의 명가 라뒤레의 예쁜 티룸이 있다. 가격은 좀 사악하다).

한번은 긴자의 한 백화점에서 신발 매장에 들렀다. 마침 세일기간이어서 조금 더 저렴하게 살 수 있다는 데에 눈이 번쩍해서 오랜만에 집중하며 구경했다. 그러다 유니언잭 모양으로 큐빅이 알알이 박힌 앞 코가 예뻐 보이는 구두를 골랐다. 어두운 네이비색과 벨벳 소재가 고급스러워 보였고, 한국엔 없을 디자인 같았다(한국에 돌아가면 언제나 비슷한 디자인을 만나곤 한다). '이건 진짜 한국에 없을 거야!'라고 생각하며 이리저리 만져보다 여직원에게 신어봐도 되겠냐고 물었다.

여직원은 웃으면서 사이즈를 물어보더니 금방 가지고 오겠다며 옆 의자에 잠깐 앉으라고 했다. 둘 다 어설픈 영어라 다른 사람이 우리의 대화를 들었다면 틀림없이 피식 웃었을 테지만 우리는 진지했다.

235 사이즈를 들고 온 그녀는 내 앞에서 살포시 무릎을 꿇더니 신발을 애기 다루듯 꺼내서 보여준다. 사실 그리 비싼 신발도 아닌데 너무 정성스럽게 대하니 살짝 부끄러웠다. 이거 참 꼭 사야만 할 것 같네 하는 약간의 부담감을 느끼면서 신발을 신었다. 앞쪽 거울에 신발을 이리저리 비춰 보았다. 그녀는 무릎을 꿇고 조용히 기다리고 있었는데(대체 무릎은 왜 꿇은 걸까? 그냥 서 있어도 되는데, 아니면 옆에 앉아도 되고) 대뜸 그녀에게 이렇게 묻고 말았다.

“제가 사진을 찍어도 되나요?”

불쾌해 할까봐 조마조마하면서 물어봤는데 사진을 찍어도 된단다. 심지어 활짝 웃어준다. 무릎을 꿇고 있는 그녀를 위에서 찍어서 얼굴이 크게 나왔다. 나는 사진 속 그녀가 귀여웠지만, 내가 그녀라면 기분이 조금 나쁠 것 같았다. 신발을 신다가 사진을 찍겠다는 손님이라니, 진상이다.

‘사진을 보여 달라고 하면 어쩌지? 지워 달라고 하면 어쩌지?’ 짧은 순간 사진을 지키고 싶은 마음과 그녀에게 미안한 마음이 교차했다. 하지만 그녀는 사진을 보여 달라고도, 사진 이야기도 꺼내지 않았다. 그저 신발이 잘 맞는지, 이 신발이 맘에 드는지, 다른 디자인을 신어보겠는지 등을 상냥하고 친절하게 물었을 뿐이었다. 다행이었다. 그녀의 귀여운 사진을 간직할 수 있으니.

처음 일본에 왔을 때 놀랐던 것 중의 하나가 바로 사람들의 상냥함과 친절함이었다. 때로는 사무적으로 보일 때도 있었지만, 대부분은 진심으로 느껴졌다. 그리고 작은 일에도 최선을 다하는 모습에도 놀랐다. 그들은 뭐든 대충 넘어가지 않았다(운 좋게 그런 사람들만 만난 건지도 모르겠다). 상점에서 선물을 사

면 어떤 포장을 원하는지, 포장을 하면 스티커는 무슨 색을 원하는지 꼭 물어
봤다. 아무거나 그냥 붙이는 경우는 없었다(나중에 이 모든 게 매뉴얼 때문일 수도
있겠다는 생각을 했지만). 하는 일이 다르고, 일하는 장소가 다르다 해도, 한국에
서 '일하는 나'와 비교하면 정말 다른 모습이었다. 작은 가게의 점원부터 대형
백화점의 직원들까지 모두 친절했고, 기분 좋은 서비스를 제공했다. 사람 대
하는 일이 피곤한 건 누구나 똑같을 텐데 어째서 일본 사람들은 이렇게까지
친절한 걸까?
때때로 회사 생활이 서럽거나 대인관계가 어렵다는 생각이 들 때면 일본 여
행에서 만났던 상냥했던 일본 사람들을 떠올려본다. 그들의 친절한 서비스와
웃는 얼굴을 떠올리며 내게 직업의식이 있는지, 성실하게 일하고 있는지 생
각한다. 기왕이면 사명감을 가지고 책임감을 가지고 일하는 것이 좋지 않을
까? 좋은 점은 배워야지, 암.

대자연 | 길찾기 ★☆☆ | 포토스폿 ★★★

발견!
아시아의 대자연

　　　철없던 대학생 때 유럽 배낭여행을 하면서 여유 있어 보이는 유럽의 분위기에 취해 '나는 대체 왜 한국에서 태어난 걸까?'하고 생각했던 적이 있다. 당시 친구들이 미국이나 유럽으로 유학을 떠날 때면 부럽다며 내 몸뚱이도 가방에 싸가라고도 했었다. 지금이야 그들의 일상이 여유로움으로만 가득 찬 게 아니라는 것도 잘 알고 있고, 그마저도 서유럽 일부 국가의 사람들에게만 해당하는 일이라는 걸 알지만, 그때는 마냥 부러웠다.

특히나 나의 마음을 쿵쾅거리게 했던 곳은 스위스였다. 평화로운 대자연 풍경에 친절하고 배려심 있는 사람들, 여유로운 분위기와 달콤한 초콜릿까지! 어째서 나는 스위스에서 태어나지 않은 것이냐며 한탄했다. 아마 이때부터 자연의 아름다움에 눈을 뜬 것 같다. 이후로 멋지고 아름다운 자연 풍경들을 만나면 스위스의 아름다운 자연을 동시에 떠올린다. 그때만큼 마음이 동하고 있나 싶어서.

아시아에도 스위스만큼 멋진 자연이 있다는 건 내몽골 여행을 하며 알게 되

었다(엄밀히 말하면 여행이 아니라 일이었지만). 잠자리도 은근 가리고, 소심한 나는
이동하는 집 '게르'에서 자야 하는 내몽골 여행을 상상도 해본 적이 없다. 매
일 취재를 하다가 하루는 칭기즈칸과 연관된 여행지를 방문했다. 내몽골에서
만난 아시아의 초원과 습지는 그야말로 장관이었다. 중앙아시아의 스텝 지형
이 시작되는 곳이었고, 끝없이 펼쳐진 초원에 지평선이 둥글게 말리는 모습
은 잊을 수가 없다. 해가 뜨거나 해가 질 때는 순간순간 하늘이 변하는 게 다
큐멘터리 영화가 따로 없었다. 한번은 벼락이 치는데 번개가 지평선 저 끝에
서 반대편 끝까지 이어가는 모습을 보기도 했다. 아시아에도 이런 멋진 자연
이 있구나 하며 아시아인으로서 작은 자랑스러움(?) 같은 게 싹텄다(하지만 슬

酒の丘
光案内所

프게도 기후변화와 무분별한 개발로 황폐화되고 있다). 아시아에 살고 있다는 게 뿌듯했던 그날 이후 다시 한 번 아시아의 대자연을 만나고 감격했던 순간이 있었다. 바로 홋카이도를 찾았던 날이다.

한국인 여행자에게 홋카이도는 하얀 설경으로 유명하다. 삿포로의 눈 축제와 눈이 가득 쌓인 비에이의 풍경 말이다. 친구들에게 물어보면 '홋카이도는 겨울에 가야 하는 거 아니야?' 한다. 하지만 홋카이도 여행의 진짜 성수기는 여름이다. 비행기 가격을 비교해보면 확실해지는데 여름에 삿포로 비행기 가격이 상당히 비싸지는 걸 알 수 있다. 여름보다 눈이 많이 오는 겨울에 여행자가 줄어드니 홋카이도에서는 다양한 아이디어로 여행자들에게 매력을 어필했는데 그중 하나가 바로 삿포로 눈 축제와 겨울 설경이었다. 정작 일본인들은 홋카이도를 여름에 찾는 고급 여행지로 생각한다고 하니 홋카이도는 국내와 해외에 적절하게 마케팅을 정말 잘하는 것 같다.

운전도 못 하고 일본어도 까막눈인 나에게는 아무것도 보이지 않고 느껴지지 않았지만 일본에 사는 지인은 홋카이도 도로를 운전하면서 이런저런 이야기를 했다.

"도쿄에서는 본 적 없는데, 저 표시는 뭘까요?"
"저에게 질문하셔봤자 모르죠~"

삿포로 공항에서 아사히카와, 후라노, 비에이를 두루 다니며 가고 싶은 곳을 이때 다 다녔다. 여행을 준비할 때 동선을 상상했던 것과 달리 도시와 도시 간의 거리가 꽤 멀었다. 삿포로에서 아사히카와까지 차로 2시간이 넘게 걸렸고, 비에이에서 삿포로로 돌아올 때도 마찬가지였다. 나중에 확인해보니 홋카이도가 얼마나 크냐면 대한민국 면적이 100,210㎢인데, 홋카이도는 무려 83,456.64㎢다. 대한민국 면적의 80%가 넘었던 것이다.

비에이와 후라노의 색

1 마일드 세븐 언덕을 올려다본 모습
2 부모와 자식 같은 모습이라 해서 오야코(親子) 나무로 불린다
3 그림 같이 예뻤던 비에이의 풍경
4 여름이면 펼쳐지는 보라색 라벤더 밭의 후라노

홋카이도가 광활하게 느껴지는 이유가 또 있는데 바로 인구수다. 면적은 우리의 80%를 넘지만, 인구는 약 500만 명 정도에 불과하다. 대한민국 인구가 약 5,000만 명이니 대지 면적당 인구 비율을 비교해보면 더 넓게 느껴진다. 게다가 이들 중 약 200만 명은 삿포로에 산다. 나머지 약 300만 명이 그 큰 땅에 여기저기 흩어져 사는 거다. 광활하다. 광활해!

밤늦게 도착한 후라노의 한 호텔은 시설은 낡고 오래되었지만 아늑했다. 그날은 온종일 비가 부슬부슬 내렸는데 방 안에 들어가니 화장대 위에 하얗고 작은 인형이 놓여 있었다.

일본에서는 비가 오면 테루테루보즈를 만들어 창에 달아둔다고 한다. 비를 멈추게 한다고 믿는 민간신앙 중 하나다. 둥근 부분에 얼굴을 그리기도 그리지 않기도 한다는데 얼굴을 안 그리면 좀 무서울 것 같다. 거꾸로 매달면 비가 온다는 속설도 있다니 흥미로운 인형이다. 그건 그렇고 이런 다정한 메시지까지 주는 이 호텔은 참 센스 있다.

홋카이도에서 맞이하는 첫날, 조식을 먹으면서 감동의 눈물을 흘렸다. 세상에 우유와 푸딩이 이렇게 맛있을 수가 없었다. 작은 유리병에 들어 있었는데 병 모양은 앙증맞고 귀여워서 기념품 같은 거 잘 안 사고, 있는 물건도 버리기 일쑤인 나도 갖고 싶을 정도였다. 우유와 푸딩을 남김 없이 후루룩 먹고서 본격적인 후라노, 비에이 여행에 나섰다.

비에이는 예술가들이 사랑하는 곳이다. 특히 사진작가들은 비에이에 잠시 왔다가 예상보다 오래 머물거나 아예 눌러앉는 경우도 있다고 한다. 그도 그럴 것이 비에이의 자연은 카메라에 담아 두거나 자꾸 어딘가에 그리고 싶어지는 풍경이다. 그래서 일본뿐 아니라 세계의 많은 포토그래퍼들은 비에이의 사진으로 데뷔를 하는 경우가 많단다. 비에이의 식당이나 숙소 등에는 비에이를 담은 포토그래퍼들의 사진첩이 한 권쯤은 꼭 있었다. 그들이 담은 비에이 풍경을 보면서 '이런 날도 있었구나~ 무지개가 있으면 이런 모습이구나~'하며 다른 사람들의 눈으로 본 비에이를 마음껏 즐겼다. 그런 비에이를 떠나오는 일은 쉽지 않았다. 정해진 일정이 야속할 정도였다. 아마 이런 마음으로 예술가들이 떠나지 못했던 거겠지. 비에이를 뒤로하고 삿포로로 향하면서 생각했다.

'내가 사는 아시아는 참 아름다운 곳이 많구먼!'

기분최고 홋카이도

저게 뭘까요?

도쿄에선 볼적 없는 표시네요~

저건 뭘까요?
몰라요!

홋카이도 좋아요!

홋카이도 창밖 풍경이 진짜 그림이에요!
기분최고!
이런 곳에 오다니! 크아~
쌍따봉

어쩌면
연극 무대일지도

신용산 역 부근을 걷고 있었다. 삼각지 역까지 가려고 했는데 걷는 동안 은근 옛 건물이나 간판이 많아서 구경하는 재미가 쏠쏠했다. 한국은 유난히 알록달록하고 정신없는 간판이 많다. 어릴 땐 그게 마냥 싫더니, 지금은 하나씩 보면서 '무슨 할 말이 이렇게 많아서 이런 무시무시한 폰트와 강렬한 색을 썼을까?'하면서 본다. 특히 이 주변은 20세기와 21세기가 함께 공존하는 분위기라 더 흥미롭다. 길을 걸으면 가게마다 간판들이 말을 건넨다. 소리는 없지만 강렬하다.

전쟁기념관 주변을 걷다가 한 짜장면집 벽면의 커다란 간판을 발견했다. 슈리성과 함께 셰프님 얼굴이 합성되어 있었다. 마치 원조 국밥 같은 느낌으로 '중국 전통 요리를 한다'는 표현을 하려고 했던 것 같다. 붉은색 슈리성과 파란 하늘이 담긴 이 이미지가 중국이라고 생각했던 모양이다.

'사장님~ 슈리성은 일본 오키나와에 있어요!!'

어딘지 아시면서 합성한 것일까? 나름 시선을 강탈하려고 했던 것 같은데 사장님이 알고 그러셨다면 '재치가 넘치시고', 모르고 그러셨다면 '귀여운 실수'라고 볼 수 있겠다. 하긴 새빨간 슈리성만 놓고 보면 거기가 중국인지 일본인지 헷갈릴 테지. 그 중국집은 아직 그 간판이 붙어 있는지 모르겠다. 나중에 다시 가봐야지.

나 같은 뚜벅이 여행자가 오키나와를 본격적으로 여행한 건 2012년 즈음부터다. 당시 저가항공사에서 오키나와 나하를 취항하기 시작하며 오키나와 하늘길이 더 저렴해졌다. 지금은 대한항공, 아시아나항공을 비롯해 여러 저가항공사들도 취항해 일주일 내내 다양한 시간에 오키나와에 갈 수 있다. 비행시간은 인천에서 2시간 15분. 휴양지 여행으로 나누자면 사이판이나 동남아 여느 여행지와 비교해 꽤 가깝다는 것이 장점이다. 게다가 일본 여행을 좋아하는 사람이라면 플러스 점수가 있을 텐데 소소한 쇼핑, 아기자기한 풍경 등 일본 본섬에서 누릴 수 있는 것들을 비슷하게 누릴 수 있기 때문이다.

크리스마스가 지난 12월 한겨울의 어느 날, 오키나와 나하 공항에 도착했다. 제주 공항에 처음 내렸을 때 닿았던 바람과 같은 수분과 짭짤함이 느껴졌다. 이국적인 풍경도 비슷했다. 나하 공항에서 모노레일을 타고 나하 시내로 들어오는데 공중에서 보는 창밖의 풍경이 이색적이었다. 도쿄 디즈니랜드나 오다이바를 갈 때 타던 모노레일을 나하 시내에서는 지하철처럼 타고 다닌다. 이 모노레일은 공항에서 슈리 역까지 이어지는데 계속 연장 공사를 하고 있어서 나하 시내를 벗어나 더 멀리 이어질 예정이다. 종점인 슈리 역이 바로 슈리성과 가까웠다. 하지만 내리자마자 보이는 것이 아니라 천천히 걸을 준비를 하고서 길을 걷기 시작했다.

고베에서 가까운 히메지 성이나 교토의 니조성 등 우리에게도 많이 알려진 성을 비롯해 세계문화유산에 속한 일본의 성은 7개다. 그중의 하나가 바로 오키나와 슈리성이다. 본래의 성이 1945년 오키나와 전투와 전쟁 때문에 많이

일본의 일반 성들과는 전혀 다른 모습의 오키나와 슈리성

파괴되었음에도 역사적인 의의가 인정되어 과거 이 일대 류큐 왕국의 흔적들과 함께 2000년 12월 세계문화유산이 되었다. 정확한 문화유산 명칭은 '구스쿠 유적 및 류큐 왕국 유적'이다.

오키나와는 일본 본섬과는 달리 아열대와 온대 기후가 함께 있고, 문화 차이도 있어 여행자에겐 독특한 매력을 발산하는 곳이다(지도를 보면 오키나와가 일본의 다른 섬보다 타이완과 가까운 것을 볼 수 있다. 타이완에 사는 친구의 제보에 따르면 거리는 훨씬 가깝지만 비행기 표는 의외로 비싸다고 한다).

날씨는 겨울임에도 춥지 않고 비교적 서늘했다. 그래도 12월은 12월이라 쌀쌀하긴 해서 두툼한 외투가 필요했다. 오키나와가 남쪽에 있으니 무조건 따뜻할 거라 생각하면 큰 오산이다. 겨울이라면 비가 주룩주룩 오거나 여름엔 태풍이 올 경우도 있어 따뜻한 옷은 꼭 챙겨야 한다. 안 그러면 휴양지 여행에서 감기에 걸리는 안타까운 일이 발생할 수 있다.
심지어 본인은 오키나와에서 털이 북슬북슬한 빨
간 어그 부츠를 보고 파파 스머프를 떠올리고
덥석 사버렸다. 친구들은 따뜻한 오키나와에
도 어그 부츠를 파느냐며 물었는데 오키나
와도 춥다. 해가 쨍쨍하면 한겨울에도 한여
름 같은 뜨거운 날씨를 맞이할 수 있지만, 비가
오거나 찌뿌둥한 날씨에 바람이라도 불면 춥다.

오키나와는 동남아와 일본 그리고 한국 등의 중간 지점에 있어서인지 중국과
류큐 문화가 섞인 독특한 모습으로 유명하다. 슈리성의 주인이었던 류큐 왕
조는 1879년까지 약 450년 정도 지속되었다. 언덕 높이 있는 슈리성에서는
나하시와 멀리 게라마 제도까지 보여 전망이 좋다. 입장료는 800엔이 넘는데
이는 일본의 성 입장료 중에서 최고 수준이다. 마침 모노레일 1일 권으로 여
행 중이었는데, 모노레일 1일 권이 있으면 할인을 해준다기에 할인을 받았다.
섬세하면서도 복잡한 나라 일본은 티켓 할인도 섬세하고 복잡하게 하는 경우
가 있다. 유적지를 묶어서 할인한다든지, 교통패스를 사면 명소를 할인한다
든지 하기도 하고, 시즌마다 다른 티켓을 내놓기도 한다. 운영하는 사람들 입
장에서도 귀찮을 텐데 다들 참 꼼꼼하다.

들고 간 가이드북에서는 10분 정도 걸으면 된다고 했지만 역시나 슈리 역에
서 슈리성까지 15분은 넘게 걸렸다. 이리저리 한눈팔지 않고 왔는데 나의 짧
은 다리가 기대를 저버리지 않은 걸까? 두 사람 이상이면 택시를 타고 오는
것도 좋겠다. 어쩐지 슈리 역에 유난히 택시가 많더라니.

슈리성의 중심 정전에 들어서면 왕의 자리, 옥좌를 구경할 수 있다. 신발을
벗고 들어가야 하는데 역시 일본 아니랄까 봐 어찌나 깔끔한지.

슈리성의 독특한 점 중 하나는 1층에도 2층에도 있다는 옥좌다. 옥좌 뒤에 비밀의 문이 있는데 국왕 전용 계단이 있어 샤샥~ 하고 올라갈 수 있다고 한다. 재미있는 사람이 왕이 된다면, 신하들이 올라오기 전에 빨리 올라가서 장난이라도 준비하고 있을 것 같다는 생각을 했다. 내가 갔을 땐 옥좌만 촬영이 가능해서 사람들이 카메라로 사진을 이리저리 찍어대는데 빨강과 금색이 번쩍거려서 잘 만든 무대 같았다. 게다가 슈리성을 지키고 있는 직원들이 모두 류큐 시대의 의상을 입고 무표정하게 서 있어서인지 류큐 왕국의 분위기가 더 충만했다. 갑자기 직원들이 배우로 변신해 연극을 해도 될 법한 공간이었다.

슈리성에서 조금 떨어진 곳에는 '일본의 아름다운 길 100' 중 하나로 꼽힌다는 돌다다미길이 있다. 긴조우초 이시타다미미치(金城町石疊道)라는 곳인데 류큐 시대 귀족들의 저택이 있던 긴조우초를 중심으로 만들어져 있다. 15세기 말 이 지역에 류큐 석회암이라는 돌로 22km 구간에 다다미를 깔 듯이 포장도로를 만들었고, 거기서 돌다다미길이라는 이름이 붙었다. 22km나 깔았다지만 지금은 340m 정도만 즐길 수 있다. 태평양전쟁 때 대부분 파괴되어

화려한 왕의 의자
슈리성 내부의 유일한 포토존

지금은 온전하게 남아 있지 않아서다. 오키나와는 미군 부대 주둔지이기도 하고, 전쟁의 흔적을 가지고 있는 땅이기도 하다. 그 탓에 다양한 문화가 짬뽕되어 여행자에게는 그 또한 즐거움이지만, 오키나와 사람들은 얼마나 힘들었을지 짐작도 되지 않는다.

슈리성 구경을 마치고 느릿느릿 걸어 내려왔다. 길 위에서 만난 작은 집들과 나하의 풍경은 평화롭기만 했다. 작은 보따리를 들고 바삐 걸음을 재촉하는 할머니와 만나고, 길가에 난 풀을 천천히 뽑고 있는 할아버지도 계셨다.

타박타박 걷다 보니 어느새 배고픔도 찾아왔다. 오키나와엔 맛있는 음식들이 많다는 이야길 들었는데…. 어떻게든 나하 시내로 가야겠다며 서둘러 걸음을 옮겼다.

오키나와 나하 돌다다미길 산책
1 슈리성에서 가까워 함께 묶어 여행하기 좋다
2 일본의 걷고 싶은 길 100선에 선정된 바 있는 아름다운 길이다

슈리성에서 상상중

中山世土
류큐왕국 슈리성에는
숨겨진 비밀문과 통로가 있다는데~

그럼 끝났으니 다함께 산책하는건 어떻겠소?
나보다 늦게 나오는사람 아이스크림 내기~
멋대로 상상중

뚱뚱하면 잠도 많고 꿈도 많고 상상도 많이해요~
무슨 헛소리냐?

나 일등! 젤 먼저 왔지롱~
비밀통로 →

괜찮네~
멋대로 상상하고 즐거운 시간이었다
ㅋㅋㅋ

서양식
이색 건축물 탐험

기타노이진칸은 기타노에 있는 서양 사람이 사는 양옥집이라는 의미라고 한다. 고베에서도 대표적인 관광지로 티켓을 구매하면 내부 관람이 가능한 건물들이 많다. 상상했던 것보다 가격이 사악해 한 곳 한 곳 티켓을 따로 끊으면 화가 치밀어오를 수도 있으니 통합권을 구입하거나 딱 한 군데만 가는 것을 추천한다.

처음에 기타노이진칸을 갔을 때는 모에기노 야카타관이라는 미국인의 집 딱 한 군데만 갔었다. 입구에서 티켓을 사고 슬리퍼로 갈아 신고 내부로 들어간다. 모에기관이라고 부르는 이 건물은 1903년 미국 총영사의 저택으로 지어졌다. 입구에 있던 슬리퍼가 녹색이었는데 건물 외관이 에메랄드빛 녹색이라 깔맞춤했나 보다. 이곳은 침실, 서재, 화장실 등 공간마다 잘 꾸며져 있어 구경하는 재미가 크다. 베란다에서 고베 항까지 보이는 전망이 특히 좋았고, 1995년 한신이와지 대지진 때 무너진 기둥 하나와 여러 가지 볼거리도 함께 있었다.

두 번째 기타노이진칸을 방문했을 때에는 5관 통합권을 구매해 이곳저곳을 모두 둘러보았다. 확실히 한꺼번에 3개 이상의 건축물을 만나니 집중력과 감흥이 급격히 떨어졌다. 2,500엔이라는 적지 않은 티켓 가격이 떠올라 다섯 군데를 모두 클리어하겠다는 욕심 탓에 더 그랬다.

통합권으로 볼 수 있는 프랑스관, 빈 오스트리아관, 영국관 등의 서양관들은 유럽 여행에서 파리의 베르사유 궁전이나 런던의 빅토리아 앤 알버트 뮤지엄 등 주요 박물관을 둘러본 분들이라면 조금 시시하게 느껴질지도 모른다. 그나마 구 중국영사관은 좌식 생활을 하는 중국의 문화가 함께 어우러져 침대, 양변기 등의 독특한 디자인들이 재미있다. 더불어 깔끔하고 세밀한 일본인들이 문화재 관리를 얼마나 잘하고 있는지 인식하며 기타노이진칸을 구경하면 더욱 디테일하고 소소한 재미를 누릴 수 있었다.

하지만 이곳의 하이라이트는 따로 있었으니 바로 문화재 건물에 들어선 스타벅스다. 기타노이진칸에 들른 여행자라면 대부분 이 스타벅스에서 음료를 마신다. 이색적인 건물에 들어선 스타벅스라 기타노이진칸 지역에서도 함께 홍보하는 경우가 많고, 실제로 여행자에게 인기가 정말 많다. 가끔 청개구리 심보가 심각하게 발휘되는 나는 '에잇, 가고 싶지 않아'하고 항상 돌아 나왔는데 지나고 나니 나는 왜 그런 쓸데없는 짓을 하는 걸까 싶다.

모에기노 야카타관
에메랄드빛 모에기관

건물색과 깔맞춤한 실내화

고베만큼 유명한 곳은 아니지만, 고베만큼 접근성
이 좋진 않지만, 나에겐 더 만족스러웠던 곳이 있
는데 바로 '히로사키'다. 아오모리현 히로사키는
메이지 시대 이후 지어진 서양식 건물들이 비교
적 잘 남아 있는 곳이다. 교회, 은행, 도서관 등
의 건물들이 있어 이 건축물들을 통칭해 서양관이
라고 부른다니 이 글에서도 서양관으로 통칭해 부르기로 하겠다.

히로사키 서양관은 고베 기타노이진칸처럼 잘 정리된 화려한 관광지는 아니
다. 대신 수수하고 조용한 매력이 있다. 게다가 대부분 입장료가 없다. 아오
모리 은행 기념관, 구 히로사키 시립도서관 등은 내부를 견학할 수 있는데,
외관뿐 아니라 인테리어도 볼만하다. 그 건축물이 가진 고유의 용도 때문에
생긴 이색적인 볼거리를 엿보는 재미도 쏠쏠하다. 단점이 있다면 서양관들이
기타노이진칸처럼 몰려 있는 것이 아니라 도시 곳곳에 퍼져 있어 한꺼번에
둘러볼 계획이라면 발품을 팔 각오를 단단히 해야 한다는 것이다. 더욱이 소
도시라 버스를 비롯한 대중교통이 자주 있지 않고, 가까운 곳에 정류장이 없
는 경우도 있어서 많이 걸어야 한다.

하지만 소도시 여행의 묘미는 도시를 천천히 걸으며 이곳저곳 사람들이 사
는 속살을 보는 것. 이렇게 마음먹은 덕분인지 우연히 걷다가 '나카초 전통
건물 보존지구'라는 목조 건물이 가득한 곳을 만나기도 하고, 오전에 열차에
서 만났던 할머니를 다시 만나는 일도 있었다. 열차의 옆자리에 앉았던 할머
니는 그때 구로이시로 가시는 길이었고, 나는 히로사키에서 조금 떨어진 히
라카와로 가는 길이었다. 할머니는 어디서 왔냐고 수줍게 영어로 물어보셨
는데 한국이라고 말씀드렸더니 그러냐면서 알고 계신 영어와 일본어를 섞어

히로사키 서양관 탐험

1 무료로 공개하는 구 히로사키 시립도서관
2 아오모리 은행 기념관, 내부 견학도 가능하다
3 히로사키의 첫 스타벅스. 문화재에 등극했다
4 아오모리의 명물 부나코 조명 등이 활용된 히로사키 스타벅스 내부

가며 이런저런 이야기를 해주셨다. 반은 알아듣고, 반은 손짓을 보며 알 수 없는 대화를 이어나갔는데 할머니는 금세 정이 드셨는지 돌아갈 때 티켓 한 장을 건네셨다. 히라카와에서 히로사키로 돌아갈 때 쓸 수 있다며 챙겨주신 것이다.

'따님이나 손녀가 생각나신 거겠지.
 이거 참 훈훈한 만남이네~'

그런데 돌아선 지 4~5시간 만에 그 할머니를 히로사키 시내에서 또 마주친 것이다. 세상에 이런 인연이 다 있다니 놀라웠다. 누구를 어디서 또 만날지 모르니 하여간 착하게 사는 게 좋겠다.

히로사키 서양관 여행을 추천하는 이유가 또 있다. 고베 기타노이진칸이 자랑하는 문화재인 스타벅스가 히로사키에도 있다. 2015년 4월 일본에서 두 번째로 문화재에 들어선 스타벅스이자 히로사키시에서는 최초의 스타벅스다.

이 작은 건물은 1917년 일본군 제8사단장 관사로 지어졌고, 패전 후 사령관의 숙소였던 것을 시에서 사들여 공공건물로 사용하다 지금의 스타벅스가 되었다. 내부에는 아오모리의 전통 공예품인 부나코(이 지역에서 유명한 너도밤나무로 만든 목재공예품이다)를 조명으로 사용하는 등 전통적인 분위기를 추가한 것이 포인트인데 직접 가보면 공간과 전통 공예품이 이질감 없이 잘 어울린다. 매끈하고 아름다운 디자인으로 언뜻 보면 북유럽 느낌이 난다. 웬만한 곳은 다 둘러본 여행자라도 반할 만하니 한 번쯤 꼭 들러보시기를.

청개구리 여행자 2

이거 진짜 맛있어요! 추천해요~
음… 전 별로~

움… 글쎄~
거기 완전 예뻐~ 진짜 꼭 가봐!

더 강력하게 권하란 말이다!
어디서 승질이야?

그거 타고가~ 제일 편하더라고
움… 생각해 볼게~

왜 왜 왜 말을 안들은 걸까?
청개구리 여행자의 최후
쿵 쿵
땅을치고 후회중

밀당의 고수
신비로운 후지산

일본인들의 마음의 고향이라고 여겨지는 후지산은 사실 도쿄에서도 볼 수 있다. 그것도 아주 많이. 후지산을 모티브로 한 디자인 상품을 비롯해 후지산 사진이 들어간 다양한 상품들, 후지산 모양으로 만든 빵처럼 각종 먹거리 등 곳곳에서 후지산을 만날 수 있다. 과연 일본인들에게 사랑받는 산이다.

후지산을 실제로 본 건 딱 한 번, 김포-하네다 구간 비행기 안에서였다. 맑은 날 김포-하네다 노선을 이용하면 눈 덮인 후지산을 볼 수 있는데 정말 높긴 높나 보다 싶은 게 후지산만 볼록 튀어나와 명확하게 보였다.

'오~ 정말 신비롭긴 신비롭구나~'

후지산은 해발 3,776m 산으로 야마나시현, 시즈오카현에 걸쳐 있는 높고 거대한 산이다. 야마나시현과 시즈오카현은 도쿄에서 차로 2시간 이내 거리에

있어 접근성이 좋다. 후지산 등반을 위해서는 시즈오카현, 호수에 비친 후지산을 바라보기 위해서는 야마나시현으로 가는 것이 유명한 여행코스다. 다만 후지산 등반은 7~8월 2개월간만 가능한데 이 기간에 약 30만 명이 후지산을 오른다고 한다. 후지산 등반은 까다롭기로도 유명하다. 하늘이 맑았다가 흐렸다가 비 왔다가 천둥이 쳤다가 하면서 다양한 날씨를 보이기도 하고 심하면 애써 준비한 등반을 포기해야 할 경우도 있다. 우비는 필수품이고, 정상으로 갈수록 너무 추워져서 한여름에도 한겨울 날씨를 경험할 수 있는 굉장한 산이다. 하긴 만년설이 있는 산이니.

도쿄에 사는 지인과 함께 1박 2일 야마나시현 나들이를 계획했다. 야마나시의 유명 관광지 '오시노핫카이'와 민속촌 '사이코 이야시노사토 넨바'를 들렀다가 가와구치코 호수 주변 호텔에서 하루를 묵는 코스였다.

도쿄에서 출발 후 1시간 반 정도 지나 고속도로를 빠져나오니 수수한 모습의 마을들이 나타났다. '야마나시는 시골이잖아~'하며 감상하고 있었는데, 비가 부슬부슬 내리기 시작했다. 비를 참 좋아하지만 여행 중에 만나는 비는 반갑지 않다. 특히 오늘 같은 날!

일행에게 투덜대며 오시노핫카이를 찾아 나섰다. 오시노핫카이(忍野八海)라는 이름은 8개의 연못이라는 뜻이다. 800년 후지산 대분화 당시 생긴 곳으로 후지산에서 내려온 맑은 물을 만지고 마실 수 있다. 소문대로 물이 정말 맑았다. 중앙에 가장 유명한 연못은 8m가 넘는 깊이라는데 바닥에 떨어진 동전들이 반짝이는 것도 보였다. 수영도 못하는데 여기서 떨어지면 어쩌나 하고 무서워졌다. 하지만 대륙의 관광객 분들은 대담했다. 그 깊은 연못에 빠질 듯이 가까이 다가가 사진도 찍고 잉어 밥을 주면서 즐기는 모습이었다.

그나저나 날씨가 맑으면 후지산이 보인다는데 구름이 자욱하고 비도 내려 후지산은커녕 가까운 뒷산도 안 보인다. 아무에게나 모습을 보여주는 산이 아니라더니 정말 그렇다.

'우린 인연이 아닌가 봐'

8개의 용수지(湧水池)가 있다는 오시노핫카이

1 8m가 넘는 깊이라는데 바닥이 만져질 듯 맑고 투명했다

2 직접 물을 만져볼 수 있는데 정말 차갑다

3 후지산과 가까운 관광지로 인기가 많다

한쪽에는 후지산에서 내려온 물을 마시는 곳과 만지는 곳도 따로 마련해두었다. 물이 고였다가 떨어지는 곳에서는 손을 넣어 10초간 견뎌보는 체험을 해볼 수 있는데 물이 워낙 차가워서 그런 체험도 생긴 듯했다. 그냥 넘어갈 순 없어서 10초간 손을 넣었는데 당장이라도 얼 듯이 차가웠다.

끝내 후지산을 보지 못한 아쉬운 마음을 뒤로하고 차로 약 50분을 달려 민속촌 사이코 이야시노사토 넨바(西湖いやしの里根場)에 도착했다. 안타깝게도 이곳은 갔다 왔다고 자랑하고 싶어도 자랑하기 힘든 도저히 외울 수 없는 어려운 이름이다.

사이코 이야시노사토 넨바에서는 추운 지방에서 나타나는 전통가옥 형태인 '갓쇼즈쿠리(合掌造)'를 만날 수 있다. 가파르고 높은 초가지붕의 목조 건축물인데 마치 그 모습이 두 손을 모은 것 같다고 하여 '합장촌'이라 불린다. 사실 이 갓쇼즈쿠리로 가장 유명한 곳은 기후현의 '시라카와고(白川郷)'와 도야마현의 '고카야마(五箇山)'인데, 두 곳 모두 유네스코 세계유산에 등재되어 해마다 수많은 관광객을 불러 모으고 있다. 특히 시라카와고는 벚꽃이 만발한 봄과 눈 내린 겨울의 모습이 마치 요정이 사는 마을을 떠올리게 하는 곳으로, 각

사이코 이야시노사토 넨바
1 갓쇼즈쿠리라고 불리는 일본의 전통가옥을 구경할 수 있다
2 이름이 너무 어려워서 추천하기 어려운 게 흠

종 미디어에 노출되기도 하면서 상당히 유명해졌다. 나만 해도 사진을 어찌
나 많이 봤는지 한 번쯤 다녀온 것 같은 기분이 드는데 그 갓쇼즈쿠리를 야
마나시에서도 볼 수 있었던 것이다.

둘러볼 수 있는 전통가옥은 총 21개. 커다란 마을을 둘러본다고 생각하면 좋
다. 2~3시간 천천히 산책하기 좋은 크기로 마을 중간에는 혼자와 강이라는
강이 흐르고 있다. 전통가옥 안에는 전통공예품을 파는 작은 스튜디오부터
전시관, 전통의상 대여점, 와시(일본 종이) 만들기 체험장, 야마나시현 특산품
가게 등으로 알차게 꾸며져 있다.

비가 부슬부슬 내려 후드티에 모자를 쓰고 카메
라를 옷깃 안쪽에 넣어 두고 천천히 둘러보았다.

작은 밭에 와사비를 키우는 모습을 봤는데 맑은 물을 흐르게 한 밭이 눈길을
끌었다. 와사비는 과연 얼마나 자랐을까 궁금하기도 했다.

21개의 전통가옥이 산비탈에 옹기종기 모인 형세로 마을 꼭대기에 서면 보고
싶었던 후지산이 배경으로 보인다. 어어, 여기 이 모습 익숙한데~

"저 여기 후지산 사진 찾으면서 본 적 있는 풍경이에요!
　아~ 사진 속의 그곳이 여기였구나. 신기해라~"

알고 보니 후지산 포토 스폿으로 유명한 장소 중 하나였다. 이름이 길고 어려
워서 지나쳤는데 여기였다. 안개 속에 가려 후지산은 보이지 않았지만 혼자
너무 반가웠다. 그것도 잠시, 겹겹이 싸인 안개가 좀처럼 가실 기미가 보이지
않았다. 하는 수 없이 따뜻한 차나 한 잔 마시고 돌아가기로 했다.

전통가옥 카페에서 따뜻한 커피를 주문했는데 한참이 지나도 주인아주머니
는 소식이 없었다. 남미나 아프리카로 커피콩을 가지러 가신 건지 기다림에
지칠 때쯤 나이가 지긋하신 주인아주머니가 커피와 따뜻한 물이 가득 담긴

찻잔을 내오셨다. 찻잔을 따뜻하게 하려고 담아두었던 물을 버리고 커피를 천천히 따라주신다. 커피를 한 모금 들이켜니 산미가 강하게 느껴졌다.

'아프리카로 다녀오셨나봐~'

커피를 다 마시고 나와 아쉬운 걸음을 옮기려던 그때, 살짝 걷힌 안개 사이로 후지산의 옆구리가 보였다.

"오! 후지산이 조금 보여요!"

일행과 함께 호들갑을 떨며 다시 마을 꼭대기로 올라갔다. 안개가 걷히기를 조금 더 기다려보기로 했다. 구름이 맘대로 떠돌고 있어서 후지산의 옆구리가 보였다가 말았다가 한다. 밀당도 이런 밀당이 없다. 아예 보이지 않으면 그냥 가버릴 텐데 이건 뭐 갈 수도 안 갈 수도 없다. 한참 동안 서성대면서 지쳐갈 즈음, 살포시 후지산의 정상이 보였다. 날이 어둡고 구름이 가득해 선명하진 않았지만 그런데도 왠지 모를 커다란 기운이 느껴졌다.

"후지산, 정말 크네요. 그리고 엄청난 기운을 내뿜고 있어요"

교토의 금루트냐 은루트냐
그것이 문제로다

금각사를 가야 하나? 은각사를 가야 하나? 교토를 처음 갔을 때 가장 먼저 이 고민을 했는데 알고 보니 나 말고도 많은 한국 여행자들은 이걸로 꽤 고민하는 것 같다.

금각사와 은각사는 교토를 대표하는 명소다. 일본인들이야 '교토 여행'을 테마로 우리가 경주를 여행하듯 느긋하게 여행을 즐길 수 있겠지만, 간사이 공항으로 입국한 뒤 오사카에서 머무르며 교토를 하루쯤 들르는 한국 여행자라면 이 두 곳을 모두 가기가 조금 버거울 거다. 금각사와 은각사 사이 거리는 버스를 타고도 40~50분 이상 걸리는 데다, 이 두 곳 말고도 교토에는 그 유명한 청수사, 대나무 숲 지쿠린이 유혹하는 아라시야마 등 갈 곳이 너무 많기 때문이다. 심지어 교토부에는 세계문화유산이 17개나 있는데 그중 14개가 교토시에 있다(우리의 경상북도 경주시처럼 행정구역으로 나누었을 때 교토부 교토시이며, 나머지 3개의 세계문화유산이 우지시, 오츠시에 있다). 거기에 한국인이라면 유홍준 교수님의 책 『나의 문화유산답사기 일본편』에 등장한 후시미이나리 신사나 〈무한도전〉에 소개된 우지 우토로 마을 등을 가보는 것도 좋으니 시간은 없고, 갈 곳은 너무 많은 거다.

여행자를 머리 아프게 하는 이 모든 원흉 중 하나는 교토가 약 천 년간 일본의 수도였기 때문이다. 로마처럼 땅을 파면 문화재가 나온다는 소문이 있는데, 그 영향인지 거미줄 같이 연결된 도쿄나 오사카의 지하철에 비해 교토 지하철은 상당히 단순한 편이다. 우리가 수학여행 하면 경주를 가장 먼저 떠올리듯이 일본 학생들의 수학여행지 리스트에는 교토가 상위권이라고 한다. 실제로 교토를 여행하면 수학여행 온 학생들을 심심치 않게 만날 수 있다.

여기서 또 흥미로운 사실을 발견할 수 있다. 교토로 수학여행을 온 학생들을 택시기사님들이 인솔하고 있는 것이다. 머리가 희끗희끗한 할아버지 기사님들이 소규모의 학생들을 이끌며 주요 명소 앞에서 설명을 늘어놓기도 하고,

청수사와 그 주변은 언제나 관광객이 많다

사진을 찍어주기도 한다. 나중에 찾아보니 관광이 발달한 교토에서는 택시기사님들이 가이드를 자처하는 경우가 많다고 한다. 요즘 일본의 수학여행 트렌드는 관광버스를 타고 전 학생이 몰려다니는 형태가 아닌 소규모의 그룹으로 나누어 직접 가고 싶은 곳을 고르고, 이동, 스케줄 및 모든 것을 스스로 정하는 형태란다. 이러니 학생들에겐 지리와 역사를 친절하게 설명하고, 여행자들의 마음마저 꿰뚫는 택시기사님들이 가이드이자 선생님, 함께 여행하는 푸근한 어르신일 수 있겠지 싶다.

시간 여유가 없는 여행자라면 보통 교토 여행에서 금각사와 은각사 중 하나를 정하고 나머지 동선을 기획한다. 이때 교토에 아침 일찍 도착해 청수사와 주변 거리를 먼저 둘러본 뒤 금각사 코스나 은각사 코스를 하나 선택하는 것이 좋다. 금각사 코스는 비교적 가까운 료안지와 아라시야마를 묶은 것으로, 이 경우에는 청수사에서 점심을 해결하고 저녁을 기온에서 보내는 것이 좋다. 은각사 코스는 헤이안신궁과 난젠지, 에이칸도 그리고 철학의 길을 지나 은각사로 가는 것이다. 에이칸도에서 철학의 길로 가는 중에 미슐랭에 오른 히노데 우동집에서 점심을 먹는 것도 추천한다(한국 사람이 많이 오는지 일하는 어르신이 한국말로 인사를 건네고, 한국어 메뉴판도 준비해주신다. 카레우동이 특히 맛나다). 이 코스 역시 마무리는 밤거리가 예쁜 기온을 추천한다.

간사이 공항에서 교토 역에 도착했거나, 오사카나 다른 도시에서 교토의 가와라마치 역 등 열차로 교토에 도착했을 때 비교적 가까운 곳이 바로 청수사다. 교토 하면 떠오르는 한 장의 사진, 단풍이 물들었을 때나 라이트 업이 된 야경이 너무 아름다운 그곳. 언제나 사람들이 북적대지만 그렇다고 빼놓으면 너무 아쉬운 곳이 바로 청수사다. 교토스러운 풍경 중 하나로 봄, 여름, 가을, 겨울 만나는 풍경이 모두 아름다워 입장하는 티켓에도 이 풍경이 그려져 있는데, 시즌마다 디자인이 바뀐다고 한다. 그래서 청수사를 좋아하는 사람들은 4개의 티켓을 모으기도 한다고.

금각사
시모가모강
은각사
철학의 길
료안지
기온
청수사
교토역

청수사는 올라가는 골목길에 기념품 가게를 비롯한 전통 카페와 다양한 간식거리가 많은 것도 매력적이다. 가능하면 아침 일찍 그리고 가장 먼저 청수사를 들르는 것을 추천한다. 먼저 청수사를 둘러본 뒤 내려오면서 가게들을 하나하나 느긋하게 구경하면 좋다. 교토의 전통 간식인 삼각떡 야쓰하시를 비롯해 각종 먹거리를 시식하는 곳이 많아서 먹는 재미도 있다. 그다음 금코스인지 은코스인지 선택한다.

1. 금루트 : 금각사와 료안지

금각사는 불타버려 다시 복원하면서 금박을 더 화려하게 입혔다는데 그 모습이 나에겐 조금 부담스러웠다. 게다가 은각사에는 별로 없던 중국인 관광객들이 금각사에는 어찌나 많은지. 지금 생각해보니 금을 유난히 좋아하는 중국이 아닌가!

금각사로 들어서는 입구의 주차장에는 중국인을 한가득 태운 거대한 관광버스가 줄줄이 서 있다. 관광지 중에서도 중국인이 많은 관광지가 있는데, 금각사가 딱 그런 곳이다. 반짝이는 금각사가 아름답긴 하지만 그 모습을 제외하면 특별할 것은 없다. 안내된 길을 따라서 금각사와 가까워졌다가 멀어지면서 작은 폭포를 구경하고, 사람들이 불상에 동전 던지는 걸 구경하고 나면 끝이다. 마지막에는 차실이 있어 잠깐 쉬어갈 수 있는데 출구로 가는 길가와 이어진 공간이라 그리 매력적이진 않았다. 그래도 집에 돌아와 카메라에 담아온 금각사의 모습을 모니터로 다시 보니 참으로 아름답긴 아름답다. 금각사는 이 아름다움 때문에 화재를 당하기도 하고, 여러 작품 속에서 재탄생하기도 했다. 이야기가 많은 금각사는 그래서 명소는 명소인가 보다.

금각사에서 버스로 10분, 도보로 20분이면 료안지에 도착한다. 료안지도 꽤 큰 불교 사원인데 경내로 들어서면 나무 그늘이 펼쳐져 천천히 산책하기 좋다. 유명한 돌 정원 가레산스이(枯山水)가 있는 본당까지 천천히 걸으며 커다란 돌에 가득 들러붙은 이끼들을 구경하고 여기저기 피어난 꽃을 구경할 수 있다. 중앙에는 커다란 연못이 있는데 이상하게 료안지 연못은 그리 아름답진 않았다. 오히려 산책하며 보는 초록빛 나무들과 이끼가 가득한 풍경이 더 예뻤다. 특히 료안지의 이끼들은 푹신푹신한 느낌으로 바닥에 초록색 카펫처럼 깔려 있는데 그게 또 장관이다.

본당에 도착하면 그제야 입구에서 샀던 티켓을 확인한다. 신발을 벗고 들어서면 돌 정원이 보이는 마루가 나타난다. 전깃줄이나 처마 끝에 나란히 앉아 있는 새들처럼 사람들이 마루 끝에 다닥다닥 서로 궁둥이를 붙이고 앉아 있다. 한 사람이 일어나면 기다리던 사람이 잽싸게 앉아버려 마루 끝은 항상 만석이다.

처음 료안지에 왔을 때 이 돌 정원이 엄청 특별하게 느껴졌다. 동양인인 나도 이런데, 서양인들에게는 분명 독특한 풍경이겠지? 이곳에는 유난히 서양인

여행하기 좋은 교토
1 반짝이는 금각사
2 료안지에는 유난히 서양 관광객들이 많다
3 청수사에서 내려오는 길,
　수국과 기모노를 입은 소녀들이 예뻤다

사진 찍기 좋은 교토

1 금각사보단 수수하지만 나름 멋진 은각사
2 수학여행 온 일본 학생들을 잔뜩 보았다
3 청수사는 언제 가도 사진 찍기 좋다
4 청수사로 들어서는 인왕문의 모습

관광객이 많았다. 영어를 비롯한 알파벳을 쓰는 언어들이 들려온다. 마루 끝에 앉아 정면의 돌 정원을 바라보고 있으면 머릿속이 하얘지면서 아무 생각이 나지 않는다. 그야말로 무념무상의 상태로 들어설 수 있다고 할까. 돌 정원에는 15개의 돌이 있는데 어느 방향에서 보더라도 14개만 보인다고 한다. 그래서인지 이리저리 옮겨 다니며 돌을 세는 사람들도 보인다. 돌 정원으로 들어오는 길에는 이 돌 정원을 아주 작게 만들어둔 미니어처가 있는데 전체 모습을 비교해보니 그 또한 재미지다.

2. 은루트 : 어슬렁대기 좋은 은각사와 주변

금각사를 먼저 소개했지만 사실 은각사를 먼저 갔었다. 철학의 길에서 가까웠던 숙소에서 주변을 어슬렁거리다 우연히 가게 되었다. 이름에 붙은 은은 없었고 오히려 좀 수수했다. 금각사는 할아버지 '아시카가 요시미츠'가, 은각사는 손자인 '아시카가 요시마사'가 계획하여 만들었다는데, 금각사를 모방해 은으로 뒤덮으려고 했지만 그러지 못했다고 한다. 이 두 절에는 사무라이 문화와 선종이 섞여 금각사는 기타야마 문화, 은각사는 히가시야마 문화를 대표한다. 사무라이 문화와 일본의 선종에 대해 찾아보고 간다면 조금 더 흥미롭게 금각사와 은각사를 볼 수 있을 것이다.

입구를 지나 천천히 걸으면 은각사가 아기자기하게 펼쳐진다. 은각사와 함께 교토의 풍경을 감상하기 좋은 산책로도 있다. 재미있는 건 반드시 정해진 산책로를 따라가야 한다는 것인데, 일본 특유의 규칙 문화를 이런 데서 또 만나니 흥미롭다. 은각사는 그 자체로도 충분히 좋지만 조용한 주변 동네와 가까운 호넨인도 좋은 기억이다. 골목길을 어슬렁거리면서 남의 집 문 앞에서 사진을 찍을 수 있고, 쭈그리고 앉아 길고양이를 한참 구경할 수도 있다. 그 재미에 시간 가는 줄 모른다.

Chapter 4

황홀한 만남

전력을 다하는 지역 캐릭터
유루캬라

만화 왕국 일본에는 캐릭터도 많다. 심지어 지역마다 지역을 대표하는 캐릭터도 있다. 재미있는 것은 지역에서 공인을 받은 공식 캐릭터가 있는가 하면, 지역에서 공인받지는 못했지만 활발한 활동으로 지역의 인기 캐릭터가 되는 경우도 있다. 그 예가 구마모토를 대표하는 구마몬과 후나바시를 대표하는 후낫시다.

구마몬은 인기에 힘입어 영업부장직으로 승진까지 한 현의 공식 캐릭터다. 반면 후낫시는 비공식 캐릭터다. 후낫시는 지바현 후나바시의 특산품인 배를 테마로 만들어졌는데 독특한 움직임과 재치 넘치는 말투가 특징이다(보통 지역 캐릭터들은 말을 하지 않는다. 말하는 지역 캐릭터는 손에 꼽을 정도). '낫시낫시후낫시!!' 하고 말하는 걸 한 번 들으면 까먹을 수가 없다. 비공식 지역 캐릭터라지만 인기는 전국구. 후낫시 캐릭터 상품만 판매하는 후낫시 랜드가 따로 있을 정도다. 심지어 2013년에는 지역캐릭터총선거(일본백화점협회 주관, 2013 ご当地キャラ総選挙)에서 480여 개의 지역 캐릭터를 제치고 당당히 1위를 차지한 적도

있다. 나조차도 후낫시를 통해 후나바시란 지역을
알게 되었으니 지바현은 두고두고 감사해야 할
듯하다.

일본에서는 이런 지역 캐릭터들을 유루캬라(ゆ
るキャラ)라고 부른다. 아이고 발음도 어려워라.

이 요상한 발음이 뭔가 했더니 느긋하다는 의미의 일본
어 유루이(ゆるい)와 캐릭터(Character)의 합성어였다. 유루캬라를 알게 된 건
우연히 한 사이트를 구경하면서부터다. 그게 바로 '유루캬라 그랑프리(ゆるキ
ャラグランプリ)'였다. 지역 캐릭터들이 매년 겨루는 대회인데, 일종의 캐릭터
판 미스코리아 아니지 미스재팬이랄까.

일본의 지방자치단체들은 지역 홍보를 목적으로 다들 캐릭터를 내세우고 있
다. 인기 있는 캐릭터는 트위터나 페이스북 계정을 따로 가지고 있고 반응도
좋다. 계정 운영자가 따로 있겠지만 보고 있으면 지역을 살리기 위해 참 열심
히 일한다는 생각이 든다.

일본 전국에 유루캬라가 넘쳐난다고 했지만 해외여행객이 만나는 경우는 많
지 않다. 왜냐면 이들은 스케줄 또한 엄청나서 만나뵙기 쉽지 않고, 보통 유
명 관광지가 아닌 지역 각지에서 활동해 소도시 여행을 가지 않는 이상 만남
을 기대하기 힘들다. 그런데 미야기현 여행에서 생각지 않게 유루캬라를 영
접하게 되었다. 그 주인공은 미야기현 자오산(蔵王山)의 지역 캐릭터 자오사
마다. 이름은 자오산의 이름을 따 자오사마가 되었다(구글에 한글로 자오사마를
검색하면 오사마빈라덴이 잔뜩 나오는데 앞으로 한국 여행자에게도 활발히 홍보 활동을 하
기를 바라본다). 자오사마는 자오산의 캐릭터라 얼굴이 산 모양이다. 왕관도 쓰
고 가운도 걸치고 유럽풍 귀족 바지도 차려 입었다.

이번 여행에서 자오사마를 만나는 일은 계획에 없었다. 사실은 자오산의 온
천마을을 탐방하러 갈 예정이었는데 활화산인 자오산에 갑자기 활동이 감지

되는 바람에 가지 못했다. 여행 스케줄이 변경되면서 난데없이 코카콜라 공장 견학을 가게 되었는데, 그곳에서 실물 자오사마를 만나게 된 것이다.

공장 견학은 관련 비디오를 보는 것부터 시작되었다. 커다란 세미나실에 삼삼오오 앉아 비디오 시청을 기다리는데 자오사마가 깜짝 등장하더니 커다란 엉덩이를 의자에 겨우 구겨 넣고 앉았다. 처음엔 코카콜라 공장의 마스코트인가 하며 대수롭지 않게 여겼다. 그런데 알고 보니 자오산을 방문하지 못한 우리를 위해 자오사마가 코카콜라 공장으로 친히 와준 것이었다. 생각지도 못한 이벤트에 고마웠다. 등장만으로도 기분이 좋았는데 공장 견학을 하는 내내 자오사마는 사진 찍는 사람들을 위해 다양한 포즈를 취해주었고, 견학하는 동안 기꺼이 함께 공장을 돌아다녔다(커다란 탈을 쓰고 돌아다니는 공장 견학이 편했을 리 없다). 쉬지 않고 재미있는 행동들을 보여주려고 애썼는데 누가 보든 보지 않든 전력을 다하는 모습에 반해버렸다.

열심히 일하는 자오사마
1 마지막까지 손을 흔들던 자오사마의 프로 정신
2 카메라를 향해 야무진 포즈를 취하는 자오사마

앞서 설명했듯 지역 캐릭터 유루캬라는 이름 자체에 느긋함이 들어가 있고, 보통 촌스럽고 정감 있는 모습으로 디자인된다. 유루캬라의 목표 자체가 지친 도시인들에게 지역의 여유와 한가로움을 전하는 것이라고 하니 센 캐릭터보다 조금은 어설프게 생긴 유유자적한 느낌의 캐릭터들이 어울리는 셈이다. 하지만 이름에만 느긋함이 있을 뿐 일을 할 때 대단하다 싶을 정도로 정말 전력을 다한다. 자오사마는 시종일관 깨방정을 떨며 우리에게 자오산을 어필했고 공장 견학이 끝난 후 돌아가는 우리의 모습이 개미만 하게 보일 때까지 계속 손을 흔들어주었다. 미야기현을 여행하며 이것저것 많이 했지만 그중에서 가장 기억에 남는 건 커다란 탈을 쓰고 열심히 뛰어다녔던 자오사마였다(어린이 취향 탓이 반이겠지만).

정말 닮았나요?

나 완전 완전
반해버렸잖아~
그것도 첫눈에!
흐들갑
흐들갑

풍성한 머리,
귀여운 얼굴,
우아한 몸짓,
완벽해!
설렘 설렘

배추도사 ~♪
무도사 ~♬
추억의 만화 아시나요?

두둥 ~
자오사마
등장~

뭐야~ 옛날 만화에
그 "배추도사" 잖아
ㅋㅋㅋ

일본판 학교 괴담의 주인공
니노미야 긴지로

도쿄에서 하코네까지 렌터카 여행을 하고 올라오는 길이었다. 벚꽃 시즌이었지만 비가 내리는 하코네는 음산하기만 했다. 아쉬움에 가득 차 있던 터에 지인이 '오다와라 성에 들렀다 갈까?'하고 제안했고 그 길로 오다와라 성으로 향했다.

오다와라 성은 가나가와현 오다와라시의 명소다. 사실 이 성을 제외하면 크게 볼거리는 없어서 하코네 여행을 하는 길에 잠깐 들르는 코스 정도로만 추천하는데 여유롭게 일본의 성을 감상할 수 있다는 것이 큰 장점이다. 성은 여행자가 둘러보기 아담한 사이즈로 벚꽃이 흐드러지게 피어 있는 풍경을 담기에 좋았다. 적당한 크기의 해자와 성 주변도 운치 있었고, 대부분 지역 주민으로 보였던 관람객이 벚꽃이 핀 성을 즐기는 소박한 풍경도 마음에 들었다.

이곳의 느긋한 분위기도 좋았지만 그보다 성에서 나오는 길에 발견한 작은 카페에 특히 마음을 빼앗겼다. 이름은 긴지로 카페. 니노미야 긴지로를 모시는 니노미야 신사 한쪽에 자리 잡은 카페였다.

오다와라 성과 니노미야 신사는 작은 길을 사이에 두고 바로 붙어 있었는데 오다와라 성에서 천천히 걷기 시작한지라 어느 틈에 니노미야 신사로 들어왔는지도 몰랐다. 우연히 발견한 긴지로 카페는 생긴 지 얼마 안 된 느낌의 세련된 공간으로 아무 계획 없이 발견해 더욱 좋은 곳이었다.

카페 이름의 주인이자 오다와라에서 태어난 인물인 니노미야 긴지로(二宮 金治郎)는 주경야독하여 훌륭한 사람이 되었다는 이야기의 주인공이다. 어느 나라나 교훈적인 에피소드를 마구 뿜어낸 인물은 대대손손 이야기를 남기나 보다. 긴지로는 나무를 베는 일을 했는지 보통 등 뒤에 땔감을 잔뜩 지고 두 손에 책을 쥐고 읽는 모습으로 그려진다. 그리고 그 모습은 동상으로 만들어져 일본의 많은 초등학교 한구석을 차지하게 되었다.

우연히 일본의 한 방송에서 긴지로 이야기를 방영한 걸 본 적이 있다. 우리만큼 저출산이 문제인 일본에서도 아이들이 없어 소도시의 학교가 폐교되고 있다는 소식이었다. 학생이 줄어 방치된 폐교에 긴지로 동상만이 덜렁 서 있거나 더러워진 모습이 한참 등장했다. 으스스한 폐교에 홀로 남아 나뭇짐을 지고 책을 읽는 모습이 안쓰럽기 짝이 없었다. 방송에서는 혼자 남은 긴지로 동상을 다른 학교에 기부하는 형식으로 끝이 났다.

하지만 내가 긴지로 동상에 관심을 갖게 된 이유는 다른 데 있었다. 바로 이 긴지로가 학교 괴담의 주인공이기도 하다는 것이었다. 내가 다니던 초등학교에도 책 읽는 소녀상이 있었는데 무시무시한 괴담이 많았다. 예를 들면 밤이면 책 읽는 소녀상의 책장이 넘어가고 소녀가 학교를 돌아다니다 아이들을 공격한다는 등의 괴담이었다. 우리 학교에 있던 소녀는 흰색 동상이었는데 어느 날은 빨간 페인트가 묻어 있었다. 아이들은 소녀가 밤사이에 누군가를 죽인 게 아니냐는 무시무시한 소문을 만들었고 무서움에 동상을 저멀리 피해 다녔었다. 간이 배 밖에 나온 용감한 친구들은

오다와라 성과 니노미야 긴지로 카페

1 벚꽃 시즌에 가볼 만한 오다와라 성
2 니노미야 신사 한쪽에 자리한 긴지로 카페
3 신사 안이라고 하기엔 너무 멋진 카페테라스
4 긴지로 모양의 시나몬 가루를 뿌려주는 깨알 센스

담력 테스트를 한답시고 밤에 학교에 가서 소녀 동상에 낙서하고 오라는 둥 하는 놀이를 하기도 했었다. 소녀 동상 탓에 밤의 학교를 상상하면 그렇게 무서울 수가 없었는데 알고 보니 긴지로 괴담도 만만치 않았다. 밤사이 책장이 넘어가 있다거나 등에 지고 있는 나무 개수가 달라진다는 등의 귀여운 괴담으로 시작해서 무시무시한 여러 괴담이 있다고 한다. 홍콩 할매 귀신만큼이나 긴지로는 무서웠다.

긴지로 괴담에 한참 심취했던 나는 긴지로 카페를 심오한 눈으로 둘러보았다. 무시무시한 괴담과는 다르게 카페는 공간과 공간을 멋지게 나눈 세련된 인테리어였다. 특히 분홍색 꽃과 초록 잎이 어우러진 테라스가 돋보였다. 넋을 놓고 주위를 둘러보던 그때 주문한 카페라테가 나왔다. 라테를 받아오던 지인이 갑자기 끼약~ 하는 작은 소리를 냈다. 글쎄 그 위에 긴지로 모양으로 시나몬 가루를 뿌려준 게 아닌가. 아, 이 깨알 재미!

길찾기 ★★★ | 만족도 ★★★ | 덕력충전 ★★★

존경하는
판다님을 만나러 갔습니다

나는 오덕이 되기엔 수련이 한참 필요한 꿈나무지만 열정이 뻗쳐서 25분 정도, 50회 분량의 애니메이션을 보고 또 보고 닳도록 본 작품이 있다(아직도 본다). 바로 〈백곰 카페(しろくまカフェ)〉다. 우리가 흔히 사용하는 단어로는 '힐링'이 되는 종류의 작품인데, 일본 사람들은 이런 작품을 '치유계'라고 표현한단다. 힐링이든 치유계든 여하튼 정말 보고 있으면 마음이 편해지고 기분이 나긋나긋해진다.

주인공은 카페를 운영하는 '백곰'과 하는 일 없이 카페에서 시간을 때우는 '펭귄', 그리고 주 2일 동물원으로 아르바이트를 가며 고단하다고 툴툴대는 '판다'. 그 외의 등장하는 이들도 거의 동물들이고, 등장하는 사람은 판다를 좋아하는 '링링'과 사육사 '한다' 그리고 카페 알바생 '사사코' 정도다.

〈백곰 카페〉를 보면서 급기야 큰 깨달음을 얻었는데 '타고난 본성대로 살아도 된다'라는 점이었다. 게으르면 게으른 대로, 느리면 느린 대로 살아도 된다고 말해주는 것 같았다. 특히 판다는 주 2회밖에 아르바이트를 가지 않고 그나마도 출근해서 잠이나 퍼질러 자기 일쑤지만 그런데도 나름대로 자신의 임무를 충실히 하고 있다. 자뻑 증세도 있어 '내가 그렇게 귀여워?'라는 말을 서슴지 않는 자신감도 있다.

이 애니메이션은 혼자 보지 않고 주변 지인들에게 슬쩍슬쩍 전도하고 다녔는데 몇몇이 흥미를 보였다(그게 또 그렇게 기쁠 수가 없다). 그러던 와중에 엄청난 사실을 알게 되었는데 도쿄에 백곰 카페가 진짜 있다는 것! 2012년 애니메이션 방영 후 인기를 얻자 그해 12월 다카다노바바에 진짜 카페를 만들었단다. 애니메이션 〈백곰 카페〉에서 보았던 그 공간을 재현했다니 궁금증을 참지 못하고 도쿄 여행 코스에 바로 집어넣었다.

기대를 안고 내리는 비를 뚫고 찾아간 백곰 카페는 카페 자체만 놓고 말한다면 정말 평범하기 이를 데 없었다. 멋진 인테리어나 세련된 분위기의 도쿄 카페들을 생각하면 심지어 조금 촌스럽기도 했다. 카페는 그리 크지 않았는데

사랑이 샘솟는 백곰 카페 모습
1 백곰 카페 오리지널 그림들이 붙어 있다
2 거대한 판다 인형이 카페를 지키고 있다
3 단골손님 펭귄 씨가 항상 주문하는 카페모카

들어가는 입구에는 〈백곰 카페〉 애니메이션의 다양한 기념품들(인형이라든지, 열쇠고리 등 자질구레한 상품부터 고가품까지)이 있었고, 안쪽으로는 테이블이 있었다. 특이한 점은 카페 안쪽에 어린이를 위한 놀이방이 있었다는 점인데 작긴 하지만 아이를 동반한 손님이라면 분명 좋아할 부분이었다.

이 평범한 카페를 매력적으로 만든 것은 바로 거대한 판다와 〈백곰 카페〉에서 자주 보았던 그 메뉴들이었다. 판다는 첫 번째 테이블을 가득 차지하고 앉아 있었는데 사람 크기만 한 인형으로 애니메이션 속에서 매일 백곰 카페에 앉아 있던 그 모습 그대로였다. 커다란 두 손을 테이블에 올려두고 4인이 사용하도록 세팅한 테이블을 다 점령해버렸다. 거대한 판다 인형을 한창 바라보고 있었는데 왠지 이런 이야기가 들리는 듯했다.

'에이. 뒹굴거릴 때 장래 얘기는 하지 말아줘~'

애니메이션에 등장하는 펭귄이 매일같이 주문하는 메뉴는 카페모카다. 매일 카페모카를 주문하고 '한 잔 더~(오카와리, おかわり)'라고 외친다. 판다는 대나무 잎이나 죽순을 주문하곤 하는데 그 메뉴는 없었다(당연하지만). 대신 각 캐릭터들을 응용한 메뉴들이 있었다. 백곰 얼굴 모양을 한 아이스크림이 곁들여져 나오는 와플이라든지, 판다 모양의 쿠키가 함께 나오는 커피도 매력적이었다.

〈백곰 카페〉의 팬답게 일단 펭귄이 주문하는 카페모카를 주문했다. 카페모카는 오리지널 메뉴인데 오리지널 메뉴를 주문하면 〈백곰 카페〉의 등장인물들로 만들어진 코스터(컵받침)를 준다. 나는 와일드함이 넘치는 그리즐리 곰의 코스터를 받았다. 그리즐리는 백곰의 소꿉친구로 야성미 넘치지만 첫사랑의 순정을 간직한 반전 매력이 있는 캐릭터다. 코스터는 시즌마다 디자인이 달라지는데 캐릭터 일러스트를 제외하면 사실 별 볼 일 없는 평범한 코스터다.

그런데도 시즌마다 다른 디자인의 코스터를 모으기 위해 매번 들르는 팬도 있다고 하니 팬들의 애정도 대단하다.

주문한 카페모카를 받아 들고 천천히 음미했다. 밖에는 아직도 비가 한창이었다. 주위를 둘러보니 머리 위로 원작 만화책이 진열되어 있다. 애니메이션 성우들의 사인이 있는 액자도 발견했다. 옆 테이블을 슬쩍 엿보니 주인공들이 그려진 자료들을 가지고 세 사람이 한참 이야기를 하고 있었다. 일본어를 잘했다면 자리를 박차고 일어나 물어봤을 텐데(설마⋯) 그러지 못해서 슬쩍슬쩍 엿보기만 했다. 아마도 카페를 운영하는 사람들인 듯했는데 다음 시즌의 메뉴 디자인이나 기념품 등을 의논하는 것 같았다. 각 캐릭터가 그려진 종이에는 작은 글씨로 무언가 잔뜩 쓰여 있었다.

애니메이션 속의 카페가 현실에 있다는 것도 즐겁지만, 시즌마다 다른 메뉴들을 개발하고 소소한 차이를 만들며 계속 변화를 만들어가는 모습을 구경하는 것도 즐거웠다. 그래도 해외에서 온 팬인데 그냥 갈 수 없어 백곰과 판다 인형을 샀다. 가격이 착하지 않았지만 나를 울고 웃게 한 그들을 두고 갈 수 없었다. 인형들을 두고두고 보면서 이날의 깨알 같던 즐거움을 되새김질하기로 했다. 다음엔 비가 오지 않는 날 카페에 들러 카페모카를 한 잔 마시고 주변을 천천히 걸어보고 싶다.

ALOHA~

한국에선 만화책으로,
애니메이션 DVD는
일본에서 사야해요.
(성우분들 연기가 장난아님!)

난 너무
귀여워~
① 근거없는
자신감

뒹굴거리는건
꽤 바쁜 일이야~
② 모순되지만
당당한 주장

에이~ 뒹굴거릴 땐
장래 이야기는 하지 말아줘~
③ 솔직하게 부탁하기

나도 만나줘~
도라에몽

도쿄 기치조지에서 게이오선 열차를 타고 가나가와현 가와사키시로 향했다. 한국으로 치자면 서울에서 경기도 어느 도시를 가는 것과 비슷하려니 싶다. 가나가와현에는 요코하마나 하코네, 〈슬램덩크〉의 배경이 된 에노시마, 가마쿠라 같은 유명 관광지가 있다. 하지만 가와사키시는 조용하고 한적한 동네다. 산업도시로 발전한 터라 관광지로 주목받는 편은 아니지만 〈도라에몽〉으로 유명한 작가 후지코.F.후지오의 뮤지엄이나 최근에는 공장지대의 야경을 촬영하는 투어가 인기라고 한다.

도라에몽 덕후는 아니고 애니메이션을 몇 번 본 적 있는 정도다. 애니메이션이나 만화를 챙겨보지 않았더라도 도라에몽은 캐릭터 자체가 인상적이고 귀여워서 좋았다. 신기한 도구들을 사용하는 도라에몽은 도구가 얼마나 많은지 한국에서 '도라에몽과 100개의 도구전'이라는 주제로 전시를 하기도 했다. 도라에몽은 주머니에서 도구들을 꺼내서 주인공 진구(일본 이름 노비타)를 도와주거나 사건을 해결하곤 하는데 그 모습이 참 귀여워서 진구가 항상 부러웠다.

도라에몽을 만나러 가는 길은 순탄하지 않았다. 일단 후지코.F.후지오의 뮤지엄 입장권은 뮤지엄이 아닌 로손 편의점에서 사야 했다. 예약제로 운영하고 있는 뮤지엄은 현장판매를 하지 않고 로손 편의점의 롯피라는 기계를 이용해 사전에 예약 날짜와 시간을 정해 티켓을 구매해야 하는 시스템이었다. 이 사실을 알고 로손 편의점에 들렀는데 처음에는 롯피를 못 찾아 방황했고, 다음엔 일본어로 이름을 입력해야 해서 좌절했다. 영어로 입력하면 좋으련만….

이 과정에서 의외였던 건 편의점 직원들은 기계로 이름을 입력하지 못해도 절대 도와주지 않았다는 것이다. 간단한 일이었지만 모르는 사람의 일에 관여하고 싶어 하지 않는 것 같았는데 아마 롯피가 편의점의 관리 대상이 아니었나 보다. 곤경에 처한 나를 도와준 건 젊은 여자 손님이었다. 아무거나 눌러서 한자나 가타카나로 바꾸어 입력하고 티켓을 구입했다. 이후에 이름을 묻는 곳은 어디에도 없어서 혹시 틀렸더라도 큰 문제는 아니었다.

기치조지에서 게이오선을 타고, 시모키타자와에서 오다큐선으로 갈아타고, 노보리토 역에서 내렸다(후지코.F.후지오 뮤지엄 셔틀버스가 노보리토 역에 정차한다).

후지코.F.후지오 뮤지엄 모습
이 뮤지엄을 제외하면 주변 볼거리가 많지 않은 수수하고 조용한 동네다

후지코.F.후지오 뮤지엄 이모저모

1 뮤지엄에 도착하면 뮤지엄 주변을 산책할 수 있는 동네 지도를 준다
2 도라야키를 먹으며 자기가 나온 만화를 보는 도라에몽
3 진구와 함께 공룡을 타고 어디론가 가려나 본데….
4 나름 알차게 꾸며져 있는 산책 코스

쉬엄쉬엄 걷는다면 역에서 후지코.F.후지오 뮤지엄까지 15~20분이면 갈 수 있지만 초행길인 데다 도라에몽이 그려진 셔틀버스를 놓칠 수 없었다(뮤지엄 셔틀버스는 성인 210엔, 10~15분 간격으로 시간마다 운행하고 있다). 버스에 매핑 된 캐릭터는 모두 다른데 단연 도라에몽 버스가 인기다.

버스를 타고 일찍 뮤지엄에 도착했어도 앞 타임에는 들어갈 수 없었다. 대신 직원은 지도를 하나 주며 주변 산책을 권했는데 뮤지엄을 중심으로 노보리토 역, 슈쿠가와라 역, 무코가오카유엔 역까지 후지코.F.후지오의 캐릭터로 만든 조형물의 위치가 그려져 있었다. 지도를 받아 들고나니 어쩐지 보물찾기를 시작하는 기분이 들어 두근거렸다.

먼저 도라에몽 편의점으로 알려진 슈쿠가와라 역 로손 편의점에 가보기로 했다. 가는 동안 나무가 울창하게 우거진 작은 개울길을 지나 하교하는 꼬맹이들을 잔뜩 만났고, 옹기종기 가게들이 모여 있는 작은 골목길을 구경했다. 하지만 정작 기대를 하고 찾아간 편의점에는 별로 볼 게 없었다. 바닥과 천장에 도라에몽이 그려져 있고, 관련 기념품도 있었지만 놀랄 만한 수준은 아니었다. 애써 찾아온 보람도 없이 다시 뮤지엄으로 발길을 돌렸다.

정해진 시간이 되자 나를 비롯해 뮤지엄 앞에 줄을 서 있던 사람들이 하나둘 입장했다. 손에 흰 장갑을 낀 직원들은 상냥하게 전시실로 안내해주며 한국어 오디오 가이드를 건넸다. 1층 전시실부터 천천히 구경하기 시작했는데, 대부분의 작품들은 유리 안에 보관되고 있었다. 연필이나 색연필로 그린 것은 훼손되기 쉬워 원본을 따로 보관하고, 카피본만 전시하기도 했다. 대신 작품 아래에 아주 작은 스티커를 붙여두어 카피본과 원본을 비교할 수 있었다.

뮤지엄은 촬영이 불가능했지만, 곳곳에 마련해 둔 포토 스폿에서는 정말 재미나게 사진을 찍을 수 있었다. 커다란 도라에몽이 기다리는 정원이나 거대한 공룡을 타고 있는 도라에몽과 진구 주변에서는 스모그가 뿔뿔 흘러나왔고 특히 도라에몽의 분홍색 '어디로든 문'은 집에 가지고 가고 싶을 정도였다.

이곳 뮤지엄에서는 입장할 때 작은 티켓 하나를 더 주었는데, 2층 극장에서 단편 애니메이션을 관람할 수 있는 티켓이었다. 티켓을 가지고 노란색 얼굴에 사무라이 머리를 한 고로스케가 주인공인 〈키레테츠 대백과〉라는 애니메이션을 보았다. 주인공 고로스케가 심부름을 하면서 생기는 에피소드를 다루었는데, 한국어 자막이 없었는데도 내용이 어렵지 않아 이해할 수 있었다. 그렇게 애니메이션이 끝이 나는가 싶었는데 마지막에 하이라이트가 등장했다. 극장 문이 활짝 열리고, 스크린이 움직이더니 안뜰로 이어지는 길이 나타났던 것! 깜깜했던 극장에 밝은 빛이 들어오고, 초록빛 안뜰이 짠 하고 나온 게 마치 다른 세계로 들어가는 기분이었다. 너무 멋있어서 이 동선을 기획한 분이 옆에 있었다면 꼭 안아주고 싶었다.

지금도 가끔 상상하면 좋다. 그 순간, 그 장면.

F극장에서
단편 애니
감상중
주인공
고르스케

끝났네…
아쉬워~

드르륵~
오잉?
스크린이 움직이네~

반짝
반짝
오!
뭔가 멋져

도라에몽의
〈어디로든 문〉을
만난것도
좋았어요~

길찾기 ★★☆ | 만족도 ★★☆ | 덕력충전 ★★☆

영원한 이상형
우주소년 아톰을 찾아서

어린 시절 가장 좋아했던 만화는 〈우주소년 아톰〉이었다. 주제가가 너무 좋았고, 아톰의 반짝이는 큰 눈과 에너지 넘치는 포즈도 좋았다. 아톰 말고도 〈밀림의 왕자 레오〉도 TV 방영 때 꼬박꼬박 챙겨봤는데 이 작품들을 만든 분이 바로 데즈카 오사무라는 작가다. 그는 5세부터 24세까지 약 20년간 효고현 다카라즈카에서 지냈는데 이곳 다카라즈카에 그의 기념관이 있다는 소식을 듣고 기회가 되면 가보고 싶었다.

신오사카 역에서 다카라즈카 역까지는 고노토리라는 열차를 타고 30분 정도 걸리는 비교적 가까운 거리다. JR 다카라즈카 역에서 내려 역과 연결된 쇼핑몰 소리오를 지나 다카라즈카 꽃길(하나노미치, 花の道)을 만났다. 이 길 끝에서 큰 사거리를 만나 대각선으로 보이는 곳이 바로 데즈카 오사무 기념관이다. 처음 오는 곳이라 지도를 보며 예습한 보람이 있다.

다카라즈카는 포털에 검색하면 정작 도시인 다카라즈카보다 다카라즈카 가

다카라즈카시보다 유명한 다카라즈카 극단
다카라즈카를 검색하면 가장 많이 나오는
다카라즈카 극단. 데즈카 오사무 기념관 가는 길에
구경할 수 있다

극단이 더 많이 나온다. 소문으로만 들었는데 꽃길을 걷다 보니 그 분위기를 실감할 수 있었다. 다카라즈카 가극단은 여배우들로만 이루어진 일본의 가극단으로 1913년 가극단의 시초인 다카라즈카 창가대가 만들어져 지금까지 명맥을 유지하고 있다. 100년이 넘는 역사와 커다란 팬덤으로 주목을 받는 인기 극단이다.

이른 오전 다카라즈카에 도착했더니 극장을 향해 길게 한 줄로 서 있는 여자 분들이 있었다. 공연이 있는 날일까 싶어 따라가서 극장을 슬쩍 구경하기도 했다. 꽃길을 중심으로 주변에는 다카라즈카 극장과 관련 기념품숍 그리고 여성을 위한 다양한 가게들이 모여 있었다. 깨끗하고 예쁜 꽃길을 걸으며 다카라즈카는 여성들이 좋아할 만한 도시라는 생각이 들었다. 가을이라 꽃길에 꽃은 없었지만 깨끗하게 정리된 길에는 다카라즈카 가극단이 무대에 올렸던 〈베르사유의 장미〉의 주인공 동상이 서 있었다. 작은 얼굴, 길고 얇은 다

아톰의 아버지 데즈카 오사무 기념관
1 유럽의 고성에서 영감을 얻은 디자인이라는 건물
2 정글 카페에서 잠시 쉬어갈 수 있다
3 입구에 아톰의 핸드, 풋 프린팅. 아톰의 손과 발이 이렇게 작았다니….

리, 화려한 의상이 만화로 보던 그 〈베르사유의 장미〉와 닮아 있었다. 이곳엔 쉬어갈 수 있게 벤치가 놓여 있고 바닥에는 데즈카 오사무의 작품 속 주인공들이 타일로 박혀 있어 눈길을 끌었다. 이 꽃길을 지나면서 봄에 벚꽃이 피면 얼마나 예쁠까 하는 상상을 했는데 어느새 데즈카 오사무 기념관이었다. 입구를 지키고 있는 〈불새〉 조형물과 작품 속 주인공들의 핸드, 풋 프린팅이 보였다. 어린 시절 좋아했던 영원한 이상형 아톰과 그의 여자친구 아로미의 손과 발이었다.

'아톰의 손과 발이 이렇게 작구나~'

입구에 들어서면 티켓을 뽑는 자판기가 있다. 티켓을 구매해 두근대는 마음으로 얼른 입장했다. 바로 이어지는 1층에는 거대한 캡슐들이 일정한 간격으로 전시되어 있는데 안에는 데즈카 오사무의 원화와 습작 그리고 관련 소품들을 볼 수 있었다. 〈우주소년 아톰〉을 그린 작가답게 전시공간을 캡슐로 만들어 미래적인 이미지를 나타내려고 했던 모양이다. 1층 끝에는 단편 애니메이선을 방영하는 극장이 있고 지하에는 애니메이션 공방이 있는데 시간에 맞춰 가면 아주 쉽고 간단하게 애니메이션을 그려볼 수 있는 체험을 할 수 있다.

이 기념관의 하이라이트는 2층의 데즈카 오사무 모바일이었다. 이곳에선 그의 작품들을 아카이브 형식으로 공개하고 있는데, 애니메이션을 하나하나 찾아볼 수 있다는 데에서 일본인들의 놀라운 정리력을 느낄 수 있었다. 그의 팬이라면 틀림없이 여기서 꼼짝 않고 시간을 보낼 것 같은데, 다 보려고 해도 웬만한 애니메이션 한 편 분량이 1시간을 넘어서 많이는 볼 수 없다는 게 살짝 아쉽다.

이곳을 둘러보면서 깨달은 게 있는데, 아톰은 예전에도 지금도 나의 이상형이라는 사실이었다. 긍정적인 표정과 에너지 넘치는 포즈는 언제 봐도 멋지다. 하지만 풋풋한 첫사랑이 시간이 지나면 조금은 촌스럽게 느껴지듯이, 데즈카 오사무 기념관은 옛 기억의 향수를 불러일으키지만 어딘가 촌스러웠다. 기념관을 나오면서 찾아보니 이곳은 1994년에 개관되었다. 그러니 세월이 흐르면서 풋풋함을 잃고 조금씩 촌스러워진 게 아닐까 싶다. 그래도 나는 그 촌스러움이 오히려 좋았다. 오랜만에 좋아했던 사람을 만났는데 너무 세련된 모습이라면 그게 더 아쉬운 것처럼.

'촌스러워도 영원한 이상형이에요~'

다카라즈카 신세계

다카라즈카를 검색하면
가장 많이 나오는 건
100년 넘는 역사와
여배우만 있는 가극단이에요~

미모의 배우들과 화려한 무대

다카라즈카에
한 번 빠지면
헤어나올 수 없다고…

판타지의 세계를 동경하는 팬들
바글
바글
웅성
웅성

이거슨
신세계~

지갑을
사수하라

　　엄청난 피규어 수집광은 아니지만, 피규어나 작은 인형을 종종 산다. 일본 여행을 하다 보면 견딜 수 없이 귀여운 것들이 많아서다. 게다가 퀄리티도 훌륭해 참기 힘들다. 옷이나 화장품 등엔 특별히 관심이 없는 철들지 않은 여행자의 쇼핑은 언제나 작은 캐릭터 상품들이 대부분이다. 특히 일본에는 캐릭터 전문 상품을 파는 '캐릭터 스토어'가 많다. 얼마 전부터 한국에도 라인프렌즈 스토어나 카카오프렌즈 스토어가 문을 열어 귀여운 캐릭터들이 콕콕 박힌 다양한 물건들을 내놓으며 사람들의 마음을 뒤흔들고 있다. 일본에는 이런 스토어들이 아주 오래전부터 사람들을 유혹하고 있었다.

일본에서는 캐릭터 관련 상품들을 보통 굿즈(Goods)라고 부른다. 요즘은 한국에서도 흔히 사용하는 단어인데 아이돌 관련 상품뿐 아니라 각종 기념품 등을 통칭해 쓴다. 일본 여행도 처음이고 일본 굿즈의 세계도 몰랐을 때 가장 처음 만난 굿즈의 신세계는 디즈니스토어였다. 도쿄에는 하라주쿠, 신주쿠, 시부야 등을 비롯해 9개의 디즈니스토어가 있다. 디즈니 왕국에서 친히 도심

곳곳에 지점을 세우시고 꿈과 희망이 필요한 모든 사람들을 위해 장난감과 기념품을 들고 내려오셨다. 세계에서 가장 유명한 캐릭터 미키마우스를 비롯해 일요일 아침에 TV 만화영화로 만났던 디즈니의 캐릭터를 몽땅 만날 수 있다(당시 그 종류와 규모, 디테일에 큰 충격을 받았던 기억이 난다).

10년 전 한국에는 캐릭터나 인형이라면 어린이들의 문화라고 생각하는 사람들이 많았다. 이와 달리 당시 일본 디즈니스토어에는 어른들이 바글바글했다. 귀엽고 앙증맞은 털북숭이 인형과 도시락통, 실내화 등을 쇼핑 바구니에 가득 집어넣는 것은 어린이들이 아닌 어른들이었다. 지금은 한국도 키덜트 문화가 서브컬처로 주목받는 수준에 이르렀지만, 그때만 해도 인형을 사면 '어른이 왜 인형을 사? 조카 주려고?'하는 질문을 많이 받았다.

일본엔 오덕들의 성지라 불리는 도쿄 아키하바라나 이케부쿠로까지 가지 않더라도 규모가 있는 쇼핑몰이나 백화점에 캐릭터 스토어가 입점한 경우가 많다. 특히 접근성이 좋은 도쿄 역 지하 1층에는 캐릭터 스토어를 한데 모아둔 캐릭터 스트리트가 있다.

도쿄 역 지하 1층 캐릭터 스트리트

스튜디오 지브리의 캐릭터를 만날 수 있는 동구리공화국(どんぐり共和国, 도토리공화국)과 리락쿠마 스토어가 있고, 그 옆에는 백만 볼트 피카츄를 필두로 한 포켓몬 센터가 있다. 이곳에는 일본 로컬 캐릭터뿐 아니라 물 건너온 캐릭터들도 있다. 네덜란드에서 태어난 토끼 미피, 핀란드 숲 속에서 태어났다는 요정인지 트롤인지 모를 정체불명 무민도 한자리 크게 차지하고 있다.

나는 지브리 로컬 캐릭터들을 둘러보는 것으로 유람을 시작했다. 토토로와 가오나시 등의 걸출한 스타를 배출한 스튜디오 지브리의 동구리공화국은 언제나 인기 폭발이다. 슬로 라이프의 선두주자 리락쿠마는 한국에서도 이미 유명한 캐릭터라 구경하는 재미가 쏠쏠하다. 가장 흥미로운 것은 시즌 한정 상품이다. 봄이면 핑크빛 옷을 두른 캐릭터들이 쏟아져 나온다든지 가을에는 단풍잎이라도 들고 있든지 하는 캐릭터들이 등장해 한정판의 세계로 인도한다. 시즌 한정 상품뿐 아니라 지역 한정 상품이나 컬래버레이션도 활발하다. 역무원

사악한 캐릭터 스트리트의 상점들

1 때마다 흉포한 귀여움을 보여주는 리락쿠마
2 NHK의 도모군의 친구 아기곰, 특기는 야구
3 동구리공화국의 지배자 토토로
4 도쿄 역 한정으로 등장한 역무원 피카츄

222

옷을 입은 피카츄는 도쿄 역 캐릭터 스트리트 한정 상품이란다. 한편 일본의 각 방송사 굿즈 스토어도 볼만하다. '방송사 굿즈 스토어라니요?'하는 분들께 간단히 소개하자면, 자사에서 방송하는 애니메이션의 캐릭터 굿즈와 자사 대표 캐릭터를 이용한 각종 상품으로 스토어를 운영하는 곳을 일컫는다.

일본 NTV에서 방송되는 호빵맨은 니테레야(日テレ屋)에서, TV 아사히에서 방송되는 도라에몽은 TV 아사히숍(TV Asahi Shop)에서 관련 굿즈를 판매한다. 방송사를 대표하는 캐릭터들의 활약도 만만치 않다. NHK의 대표 캐릭터 도모군은 NHK 캐릭터숍(NHKキャラクター ショップ)에서, TV 도쿄의 마스코트 나나나(7번 채널을 사용하는데 일본어로 7이 나나로 발음되는 것과 바나나를 결합한 캐릭터)는 TV 도쿄숍(テレ東本舗)에서 인형을 비롯한 화려한 컬렉션을 선보이고 있다.

'저는 캐릭터에 관심 없어요~'라고 철벽 방어한다 하더라도 방심은 금물이다. 도쿄 역 캐릭터 스트리트에는 캐릭터만 있는 게 아니다. 토미카 스토어에는 앤티크한 폭스바겐 자동차부터 유명 자동차 브랜드의 차 그리고 디즈니와 컬래버한 캐릭터 차까지 엄청난 컬렉션이 도사리고 있다. 더불어 토미카에서 선보인 열차를 콘셉트로 프라레일 스토어와 레고랜드도 피해갈 수 없는 개미지옥이다. 캐릭터 스토어의 세계가 궁금하다면 꼭 한번 도쿄 역에서 개미지옥의 매력에 빠져보시길 바란다.

아찔한
19금 북극곰

홋카이도 아사히카와에 위치한 아사히야마 동물원은 일본 내에서뿐만 아니라 세계적으로도 유명하다. 규모는 작지만 건강한 동물들과 다양하고 알찬 프로그램 그리고 동물원을 재해석한 것으로 알려졌다. 이곳을 다녀온 후 아베 히로시라는 작가가 쓴 『아베 히로시와 아사히야마 동물원』이라는 책을 보았다. 폐업 위기에 몰렸다 다시 관람객들이 찾는 인기 동물원이 되기까지 열정적으로 노력한 동물원 직원들이 있었는데 그도 그중 하나였다. 이 책에서 그는 20년간 동물원에서 사육사로 일했던 갖가지 경험을 들려준다. 동물들에게 먹이를 주고, 똥을 치워주고, 청소를 하는 일이 대부분인데 이 일은 꽤 고돼 보였다(더불어 일이 죽음과 밀접하게 연결되어 있다는 점이 좀 충격이었다). 그럼에도 불구하고 동물들과 매일 만나는 것은 설레고 가슴 벅차 보였다. 아시아 코끼리 아사코가 눈 오는 날 물 대신 넣어준 눈덩이를 사육사에게 슬며시 던지고 벽 뒤에 숨어서 코만 내놓고 있다는 이야기나 어른이 된 수달이 아이 때만큼이나 신나게 미끄럼틀이며 눈밭을 뒹굴며 노는 에피소드는 상상만으로도 너무 귀여웠다.

실은 나도 이 동물원에서 이 책의 에피소드만큼이나 인상적인 장면을 목격했다. 게다가 나의 이야기는 19금이다. 지금부터 후방주의(무엇을 볼 때 뒤에 누가 있는지 조심함)하며 읽길 바란다.

그러니까 그날은 홋카이도 여행의 첫날이었다. 삿포로 공항에서 만난 지인과 렌터카를 빌려 바로 아사히카와로 향했다. 비가 보슬보슬 내리고 있어 경치 사진을 찍으려고 벼르고 있었던 후라노나 비에이에 가도 소용없을 거라는 판단에서였다. 비가 내리는데도 동물원에는 제법 사람이 많았고 소문대로 동물원은 아기자기했다.

가장 먼저 만난 동물은 펭귄이었다. 마침 식사 시간이어서 사육사가 우리에 들어가 생선을 나눠주고 있었고, 사람들은 우산을 들고서 펭귄이 먹는 모습을 가만히 지켜보았다. 다양한 펭귄이 있었는데 그중 어떤 펭귄은 자기를 찍으라는 듯 늠름하게 중앙에서 포즈를 취하기도 했다. 그런 펭귄을 관람객이 계속 보고 있어도 사육사는 어떤 동요도 없이 자연스럽게 먹이를 주고 있었다.

펭귄들을 구경한 다음에는 바로 옆, 백곰이 사는 곳으로 이동했다. 바로 여기서 문제의 사건이 발생하고 만다. 백곰 하우스에 입장하자마자 심상치 않은 기운이 느껴졌다. 두 마리의 커다란 백곰이 무려 붕가붕가(!)를 시도하고 있었던 것이다!

'이건 백곰 야동인가?'

온갖 민망한 자세가 속출하는 가운데 사람들은 오지도 가지도 못하고, 그렇다고 빤히 쳐다보지도 못하고…. 민망하고 어색한 기운이 감돌았다. 사육사들은 아무 일도 아니라는 듯 각자 자기의 역할을 담

건강한 백곰들
백곰 하우스를 술렁이게 만들었다

담히 했지만 어른 관람객들은 술렁술렁 동요하고 있었다.

백곰 커플의 붕가붕가는 꽤 오랜 시간 이어졌고, 중간에는 휴식 시간을 갖기도 하는 등 다채로운 모습을 보여주었다. 백곰 하우스에는 이들 말고도 다른 백곰들도 있어서 걸어 다니는 모습을 코앞에서 본다거나 창문을 통해 가까이서 만날 수도 있었다. 물론 그 어떤 것도 실시간 백곰 야동보다는 강한 인상을 주지 못했지만.

대부분의 시간을 백곰 하우스에서 보내버린 뒤 이제 다른 곳들을 좀 둘러볼까 하고 레서 판다와 늑대가 사는 곳을 들렀는데 글쎄 퇴장시간을 알리는 안내방송이 나오는 거다. 얼마나 시간이 흘러버린 건지. 하는 수 없이 지인과 함께 아쉬움 가득한 마음으로 터덜터덜 동물원 문을 나왔다.

"백곰 라이브는 잊을 수 없겠네요"
"그죠…. 여기 백곰이 건강하다고 해두죠"

내가 만난
일본 고양이 마을

요즘은 한국 식당에서도 많이 보이는 일명 '마네키네코(まねきねこ, 한쪽 발을 들어 부르는 듯한 포즈를 취하고 있는 고양이 인형)' 때문일까? 일본을 떠올리면 강아지보다 고양이가 먼저 생각났다. 마네키네코는 앞발로 '이리와~ 이리와~'하며 부르는 것 같아서 손님들을 많이 불러 모은다는 속설이 있다. 너무도 당연하게 '일본은 고양이의 나라'라고 편견을 갖고 있던 나는 여행 중에 만난 많은 일본 사람들이 강아지를 키우고 있어서 놀랐다. 그리고 '일본은 고양이 나라라고 생각했어요'라고 말하면 '어째서?'라며 오히려 나를 신기해했다. 결론은 일본은 고양이의 나라이기도, 강아지의 나라이기도 한 것이다.

그런데도 일본의 골목길에는 고양이가 어슬렁거리는 곳이 많아서 일명 '고양이 마을'로 불리는 곳들이 있다. 우리나라에선 이런 모습을 보기 힘든 편이라 고양이 마니아를 위한 '일본 고양이 마을 여행' 상품까지 등장했다.

가장 유명한 고양이 마을로는 도쿄의 야나카긴자, 후쿠오카와 가까운 아이노시마, 에히메현의 아오시마 등이 있다. 특히 아오시마는 SBS 〈TV 동물농장〉에 소개되면서 고양이를 좋아하는 사람들을 설레게 했다(아무리 대중매체의 힘이 저무는 시대라지만 아직도 TV의 영향력은 대단하다).

사실 일본은 어디나 길고양이가 많다. 그래서 고양이 마을이라고 우리에게 알려진 몇몇 곳 말고도 고양이 마을이 많이 있다. 게다가 고양이 마을만 있는 게 아니라 토끼, 여우, 원숭이, 사슴 등 다양한 동물들의 이름을 붙인 마을도 있다.

대표적인 곳이 바로 나라현 나라시. 나라시에는 유명한 사슴 공원이 있다. 사슴이 아무렇지 않게 와서 나의 소중한 지도를 우걱우걱 씹어 먹어버렸을 때 이 초식동물이 위험한 짐승이라는 촉이 왔다. 나중에 많은 사람이 사슴의 공격 에피소드를 나누면서 위안인지 즐거움인지 모를 감정을 나누고 있단 걸 알았다. 히로시마현 미야지마에도 사슴들이 아무렇지 않게 서성대는데 알고 보니 나라에서 보내준 사슴들이라고 했다(역시 보통내기들이 아니다 했더니).

한편 히로시마현에는 오쿠노시마라는 작은 섬이 있다. 이곳은 토끼 마을로 유명하다. 해외의 매스컴이 오쿠노시마의 토끼에 뒤덮인 경험을 한 여행자를 취재했고, 그 모습이 SNS 상에서 자주 공유된 것이다. 하지만 알고 보면 이곳엔 슬픈 사연이 숨어 있다. 1929년 제2차 세계대전 당시 일본이 오쿠노시마에 독가스 공장을 설립하고 세균전을 위해 화학무기를 연구하고 제조하는 본거지로 사용했던 것. 그때 실험용으로 토끼를 길렀던 것이 지금의 수많은 토끼의 원인이 되었다(일본은 패전 후 모든 증거를 소멸했고, 지도에서 아예 오쿠노시마를 지워버렸다는 이야기가 있다). 당시 토끼들은 그대로 방치되었는데 이 토끼들이 엄청나게 번식하여 일명 토끼 섬, 토끼 마을이 된 것이다.

개를 키우고 있는 개집사라서 그런지 아니면 고양이를 엄청 좋아하는 편은
아닌 걸 아는 건지 나는 고양이가 그리 잘 따르는 사람은 아니다. 동물들은
자기를 좋아하는지 아닌지 정말 잘 아는 것 같다. 그래서 일본 여행에서 고양
이를 만나도 가까이 마주한 적은 손에 꼽는다.

하지만 이런 나에게도 고양이에게 뒤덮일 뻔했던 추억이 있다. 바로 오키나
와의 작은 섬 도카시키 섬(渡嘉敷島)에 갔을 때였다. 도카시키 섬은 오키나와
본섬의 도마리 항구에서 쾌속선으로 약 35분, 페리로는 약 70분 걸린다. 하
이라이트는 아하렌 비치인데 도카시키 섬 항구에서 작은 버스를 타고 15분
정도 들어가야 나온다.

아하렌 비치는 아하렌 마을에 있다. 마을엔 작은 식당과 슈퍼마켓, 서프보드
가 늘어선 집이 있었는데, 길가에는 별로 사람들이 다니지 않았다. 어차피 목

오키나와 도카시키 섬

적지는 아하렌 비치. 서둘러 그곳으로 향했다. 아하렌 비치에 도착해 눈에 들어온 것은 에메랄드빛 바다가 반짝이는 풍경이었다. 해수욕 시즌이 끝난 바닷가에는 아무도 없었고 끝도 없이 펼쳐진 바다가 혼자 보기 아까울 정도로 아름다웠다.

한 군데 앉아서 멍때리기를 좋아하는 나이지만 이곳에서는 도저히 가만히 있을 수 없었다. 다른 곳에서는 이 해변이 어떻게 보이는지 알고 싶어 수풀을 헤치고 아하렌 전망대에 올라가기도 하고, 건너편 길가에 올라가 푸른 바다를 오래도록 바라보기도 했다. 이리저리 바다에 이끌려 다니다 허기가 져 마을로 들어갔다.

문을 연 식당이라곤 비치 앞 작은 구멍가게 같은 곳뿐이었다. 뭘 파느냐고 여쭤보니 할머니는 찬푸루(チャンプルー)를 먹으라신다. 찬푸루는 오키나와 향토 음식이다. 이국적인 오키나와는 일본이면서 하와이 같기도 하고, 동남아 같기도 한 다양한 모습인데 이 음식도 그렇다. 찬푸루라는 이름 자체가 뒤죽박죽 섞는다는 의미로 고야, 돼지고기, 달걀, 스팸, 두부 등의 재료를 넣어 볶아낸다. 나는 돼지고기 찬푸루 정식을 주문했는데 오키나와 소바와 무려 참치 회도 함께 등장했다. 이곳이 사람들이 자주 찾는 맛집인지 아닌지는 모르겠지만 나만의 맛집 리스트에는 올랐다.

그런데 이 식당에 아주 사소한 문제가 발생했다. 아무 데나 출입하는 자유로운 영혼인 아하렌 고양이들이 이 식당에도 들어와 있는 것이었다. 주문한 음식이 나오자 고양이들은 테이블 위로 고개를 들이밀고 구경하고, 주변을 휘젓고 다니기도 했다. 이러다가는 고양이에게 뒤덮일 것 같은 공포가 찾아왔는데 주인 할머니는 껄껄 웃으며 아무 일 아니라는 듯 고양이에게 부드럽게 나가라고 손짓하셨다. 더 황당한 건 할머니가 나가라니까 또 줄줄이 나간다.

식사를 마치고 동네를 어슬렁거리니 이곳에 고양이가 얼마나 많은지 새삼 알게 되었다. 배가 고플 땐 고양이고 뭐고 하나도 안 보였는데 그늘 곳곳에 고

고양이가 점령한 아하렌 마을

1 아무렇지도 않게 고양이들이 동네 이곳저곳에 늘어져 있다
2 식당을 자유롭게 드나드는 것도 매력
3 돼지고기 찬푸루와 오키나와 소바, 회까지 등장한 찬푸루 정식
4 밥상을 노리는 고양이의 모습에 깜놀

양이가 늘어져 있는 것이 아닌가. 많아도 너무 많다. 심지어 나를 무서워하지도 않는다. '어디 올 테면 와봐라'는 듯이 늘어져 있다. 혼자서 괜히 무서워 사진을 가까이서 못 찍었지 고양이들은 나 따위는 안중에도 없었다. 나는 무서움에 떨다가 고양이를 만난 즐거움은 많이 누리지 못했지만 혹시 이 글을 읽는 사람 중에 애묘인이 있다면 일본에서 고양이를 만나는 즐거움을 꼭 누렸으면 좋겠다. 꼭 유명한 고양이 마을에 들르지 않더라도 언제, 어디서나 길고양이를 만날 가능성이 있다.

의외로 고양이 없는
고양이 오솔길

조용하고 오래된 동네 오노미치는 히로시마현의 항구 도시다. 히로시마에서 재래선 열차를 타고 약 1시간 20분, 신칸센을 타면 약 37분이면 오노미치에 도착한다. 오노미치 역에 내려 지도를 얻을까 해서 관광안내소를 찾았더니 나이가 지긋하신 할머니, 할아버지들이 이것저것 안내를 받고 계셨다.

'어르신들이 많은 걸 보니 느긋하게 도보로 여행해도 좋을 곳이구나~'

오노미치는 고양이 마을로도 유명하다. 오노미치 센코지 공원에서 내려오는 길 골목 사이사이에 고양이들이 많이 살고 있는지 고양이 오솔길(猫の小道)이라는 귀여운 이름까지 붙여주었다. 길 이름에 고양이가 들어가 있는 만큼 과연 여기에선 고양이를 얼마나 만나려나 하는 기대를 품고 역을 빠져나왔다. 역을 나와 오노미치 상점가를 따라 천천히 걸었다. 일본 여행 중 아케이드가

펼쳐진 상점가를 만나는 일은 소소한 즐거움이다. 상점 거리에서 진행하는 이벤트가 있거나 작은 마쓰리(축제)라도 만난다면 덩달아 흥이 나고 기분이 좋아진다. 오노미치 상점가에서는 작은 뽑기 이벤트를 하는 모습을 보았다. 나무로 만들어진 팔각형 모양을 돌려 안에 있는 구슬을 뽑는 건데 색에 따라 경품이 달라진다. 상점가에서 얼마 이상의 제품을 사고 영수증을 받아오면 뽑기를 할 수 있는데, 사람들이 휴지나 생필품을 신나서 타가는 모습을 보니 나까지 기분이 좋아졌다.

상점가를 걸은 후엔 오노미치 로프웨이가 있는 곳으로 걸음을 옮겼다. 로프웨이를 타면 언덕 위 센코지 공원까지 갈 수 있었다. 이윽고 공원 전망대에 올라 세토내해와 오노미치 전경을 바라보았는데 작아진 집들과 열차 그리고 바다에 떠다니는 손톱만 한 배가 어우러진 풍경이 정겨웠다. 세토내해를 바라보면서 여기저기 흩어진 섬들을 잇고 있는 다리를 세어보는 것도 수수한 재미였다.

전망대 구경을 마치고 본격 오솔길 탐험을 시작했다. 유자인지 레몬인지 모를 노란 열매가 달린 나무를 지나 굽이굽이 생긴 좁은 길을 내려오며 고양이를 만나면 어떻게 사진을 찍을까 고민했다. 이 작은 골목길을 사이에 두고 집들이 촘촘히 있는데 서울 가회동과 삼청동 길을 걷는 기분이었다. 보기엔 참 예쁘고 정겨운 동네지만 비싸서 살기엔 좀 어렵겠다는 현실적인 생각을 했다. 동시에 택배 아저씨들은 여기까지 배달 오기 너무 힘드시겠다 싶었는데 실제로 우체부 아저씨를 만났다. 직접 한 집 한 집 방문하시는 것을 보고 속으로 인사도 드렸다.

길을 내려오는 동안 눈에 불을 켜고 고양이를 찾았지만 길에서 만난 고양이

오노미치 고양이 오솔길 출발!

1 아날로그 감성이 솟아나는 기찻길
2 고양이 오솔길의 시작을 알리는 표지판
3 고양이 길에서 만난 고양이 한 마리

는 한 마리뿐이었다. 그마저도 계속 이곳저곳으로 도망 다니는 바람에 가까이서 보려고 오랜 시간 공을 들여야 했다. 잠깐 앉아 있었을 때도 앞모습은 안 보여주고 마치 토라진 것처럼 뒤돌아서 있었다.

'에잇! 고양이 길이라더니 고양이는 다 어디로 간 거야!'

비록 잔뜩 기대했던 고양이 길에서 고양이는 한 마리밖에 만나지 못했지만 이곳저곳 천천히 둘러보는 산책은 충분히 즐거웠다. 열차가 동네를 가로지르는 잔잔한 풍경이나 손톱만 한 배와 섬이 있는 푸른 바다, 소소한 일상이 있던 상점가를 볼 수 있어서 좋았다(이렇게 생각하지 않으면 고양이를 못 본 아쉬움에 계속 속이 쓰리겠지).

'다음엔 꼭 고양이를 만날 거야!'

고양이 없는 고양이 오솔길

왕초보의 도쿄 디즈니랜드 공략법

꿈과 희망의 나라 디즈니랜드는 미국을 비롯한 세계 곳곳에 있다.
도쿄 디즈니랜드는 그중에서도 아기자기한 일본다움 그리고 직원들의
서비스와 야무진 프로그램으로 개장 30주년이 넘도록 꾸준히 사랑받고 있다.
이 글은 왕초보를 위해 작성했으며, 여기서 왕초보란 디즈니랜드라곤
한 번도 가본 적 없는 자로 도쿄 디즈니랜드로 디즈니에 입성하는 사람들을 말한다.
이 글은 필자가 기고하는 네이버 포스트에서 76,000 view 이상을 기록하며
꾸준한 관심을 받은 내용을 바탕으로 재구성한 것임을 밝힌다.
완전정복에 앞서 간단히 도쿄 디즈니랜드는 크게 도쿄 디즈니랜드와 디즈니씨로
나누어진다. 디즈니씨는 도쿄에만 있는 곳으로 바다를 콘셉트로 한 테마파크인데,
보통 어린이를 동반한 경우에는 디즈니랜드, 그 외 청소년부터 어른들은 디즈니씨를
선호하는 편이다. 두 곳 모두 어트랙션이 있고 볼거리가 많다. 동시에 운영되는
시스템도 동일해 지금부터 공개할 소소한 공략법은 두 곳 모두 해당된다.

1. 아침엔 무조건 일찍 일어난다

디즈니랜드, 디즈니씨 오픈 시간은 매일 조금씩 다르다. 보통은 오전 8시 혹은 9시. 스케줄은 도쿄 디즈니랜드 홈페이지에서 확인할 수 있다. 필자가 가던 날에는 9시 개장이었고 시부야에서 출발할 예정이었는데 시부야에서 마이하마 역을 지나 디즈니씨까지 가는 여정이 1시간 걸렸다. 가장 좋은 건 개장 15~20분 정도 먼저 가서 기다렸다가 들어가는 것이다. 만약 비가 오는 날이라면 평소보다 사람이 적으니 조금 여유를 갖는 것도 좋겠다.

날씨가 좋은 날을 골랐다면 무조건 일찍 일어나는 게 좋다. 디즈니랜드, 디즈니씨는 디즈니리조트에 머무는 관람객들에게 먼저 입장하는 출구를 마련해놓고 있어 가장 먼저 입구에 도착해도 내가 첫 손님이 아닐 수 있다. 평일에도 전 세계에서 사람들이 몰려오는 유명 관광지라 여유를 부렸다가는 낭패할 가능성도 있다. 필자의 경우 오전 10시경 토이스토리 패스트패스를 뽑으려니 무려 19:30 타임이었다(패스트패스는 다음에 별도 소개).

2. 숙소에서 디즈니랜드 가는 법은 미리미리 찾기

아침에 일찍 일어났어도 길찾기에서 실패한다면 모든 것이 말짱 도루묵이다. 숙소에서 디즈니랜드까지 가는 법은 미리미리 찾아두자. 필자는 시부야에서 출발해 마이하마 역까지 이동, 마이하마 역에서 디즈니리조트 라인을 타고 디즈니씨로 갔다. 교통비가 만만치 않은데 390엔+260엔×2(왕복)=1300엔이었다. 마이하마 역에서 20분 정도 걸어서 갈 수도 있지만 온종일 많이 돌아다녀야 하니 디즈니리조트 라인은 꼭 타는 것이 좋겠다. 함께 간 지인은 디즈니랜드는 관심 없다더니 꿈과 환상의 세계로 들어가는 디즈니리조트 라인 열차와 음악에 흥분하기 시작했다. 열차의 인테리어 자체가 미키마우스를 연상하게 하는 창문과 손잡이 등으로 아기자기하고 예뻐 다른 세상에 온 것 같은 기분이 들게 한다. 더불어 'When you wish upon a star~'하고 음악이 나오기 시작하면 갑자기 나도 모르게 기분이 좋아지면서 흥분하게 된다.

3. 토이스토리 어트랙션으로 향할 것!

4. 패스트패스의 개념을 빨리 이해하자

디즈니랜드를 가야 할지 디즈니씨를 가야 할지 아직도 고민 중이라면 우선 빨리 결정하고 오시라. 이 단계는 디즈니씨를 선택하신 분들께만 해당되는 내용이다.

디즈니씨를 선택한 당신, 출발 전 다양한 후기를 찾아보며 전력을 다짐할 터인데 많은 후기들이 하나같이 조언하는 것은 '토이스토리 패스트패스를 사수하라'일 것이다. 디즈니씨를 글로 배운 자는 아직 이해가 안 가지만 일단 시키는 대로 하는 게 좋다.

디즈니랜드에는 패스트패스가 있다. 패스트패스는 어트랙션 탑승 순서를 선점하는 시스템이다. 토이스토리의 경우 디즈니씨에서 가장 인기가 많은 어트랙션 중 하나로 입장하자마자 들어가도 패스트패스가 동나버리는 경우가 있다. 출입구에서 가까운 토이스토리는 재미있기도 해서 줄이 어마어마하다. 그러니까 입장하자마자 토이스토리로 전력질주하여 패스트패스를 뽑아야 한다. 그런데 패스트패스가 뭐냐고? 그럼 패스트패스에 대한 설명을 들어보자.

패스트패스는 어트랙션마다 있는 것도 있고 없는 것도 있는데 인기가 많은 어트랙션에는 대부분 있다. 패스트패스의 개념은 시간을 선점하는 것이다. 정해진 시간에 1명이 1개의 어트랙션에 해당하는 패스트패스 1장을 뽑을 수 있다. 어트랙션을 타러 가면 2개의 줄이 있는데 하나는 그냥 기다려서 타는 줄, 하나는 패스트패스로 들어가는 줄이다. 패스트패스를 뽑아두고 그 패스에 정해진 시간에 가서 타는 개념이다. 따라서 무작정 기다릴 필요 없이 패스에 적힌 시간 전까지는 다른 곳을 둘러볼 수 있다.

그렇다면 모두 패스트패스를 뽑아두면 되잖아! 하고 생각하겠지만, 앞서 말했듯 하나의 어트랙션의 패스트패스를 뽑으면 자동으로 다음 패스트패스를 뽑는 시간이 정해진다. 예를 들어 토이스토리 패스트패스를 10시에 뽑으면 12시까지 어떤 어트랙션의 패스트패스도 뽑을 수 없다. 그동안에는 그냥 기다려서 타야 한다. 그래서 시간 배분을 잘하는 것이 중요하다.

5. 줄이 비교적 빨리 줄어드는 어트랙션을 잘 활용하자

가장 타고 싶은 순서대로 골라 어트랙션의 패스트패스를 2개 이상 뽑아두었다면 중간에 비는 시간을 유용하게 보내는 것이 디즈니랜드에 대한 예의다.

가장 먼저 추천하는 것은 이동하는 어트랙션이다. 베네치안 곤돌라는 말 그대로 베네치아의 곤돌라를 콘셉트로 만들어진 어트랙션이다. 디즈니씨의 거대한 호수를 곤돌라를 타고 둘러보며 풍경을 감상할 수 있다. 곤돌라를 조정하는 사공의 입담이 좋아 함께 탄 모든 사람들과 흥겨운 시간을 보내게 되는 것도 베네치안 곤돌라의 매력이다. 디즈니씨 트랜짓 스티머라인은 증기선을 흉내 낸 배로 디즈니씨 곳곳을 다닌다. 증기선이 내는 특유의 뿌~뿌~ 소리를 들으며 항해하는 경험이 나름 즐겁다. 디즈니씨 일렉트릭 레일웨이는 공중으로 다니는 열차를 타고 디즈니씨의 화려한 항구를 구경할 수 있다.

이상의 어트랙션은 회전율이 높기 때문에 기다리는 시간이 짧다. 더불어 디즈니씨 공간을 한눈에 구경할 수 있어서 좋다.

6. 점심 식사는 '디즈니 캐릭터 다이닝'으로 가자

처음 디즈니씨에 갔을 때 상상했던 것 이상으로 모든 것이 정교해서 놀랐다. 레스토랑도 예외는 아니다. 디즈니씨에 37곳, 디즈니랜드에는 46곳의 레스토랑 및 카페나 스낵바가 존재한다. 더불어 메뉴들이 하나같이 앙증맞고 독특한 것도 특징이다. 식당 중에는 디즈니 캐릭터 다이닝이라는 표시가 붙은 곳들이 있는데 그런 곳에는 캐릭터가 등장, 식사하는 사람들 사이로 다니면서 사진도 찍어준다.

일본인들이 많은 도쿄 디즈니랜드에는 줄을 서서 캐릭터 다이닝을 이용하는 관광객이 많다. 특히 아이를 동반한 가족은 반드시 이곳을 간다. 줄이 어마어마하지만, 아이들에게 아마 평생 잊을 수 없는 경험이 될 것은 분명하다. 캐릭터 다이닝 웨이팅이 2~3시간 될 수도 있으므로 오랜 시간 기다릴 수 없다면 반대로 캐릭터 다이닝이 붙지 않은 레스토랑을 골라서 가면 된다.

7. 지도를 꼼꼼히 보면서 어트랙션을 놓치지 않는다

역시 매의 눈을 가진 친구와 함께 갔던 디즈니랜드. 시계가 있는 게 범상치 않다며 찾아낸 어트랙션만 2~3개. 그중에서 이 해저 2만 마일과 밤에 탔던 신밧드 스토리북 보야지는 최고였다. 기다리는 시간도 거의 없어서 만족도 100%. 지도나 주변을 꼼꼼히 보면서 어트랙션을 하나도 놓치지 말자.

8. 어트랙션은 가능한 한 많이 타보자

시간상으로 모든 어트랙션을 타기란 쉽지 않다. 하지만 동선을 잘 고려하고 고민을 한다면 충분히 많은 어트랙션을 타보고 올 수 있다. 필자의 경우 오전 10시 넘어서 입장, 오후 9시 이후 퇴장했는데 대부분의 어트랙션을 공략했고, 만족스러운 하루를 보낼 수 있었다.

9. 비오는 날이 오히려 좋을지도

디즈니랜드는 외국인 관광객뿐만 아니라 일본인들도 많이 찾는 인기 관광지다. 붐비지 않는 날이 거의 없기 때문에 차라리 비가 부슬부슬 내리거나 종잡을 수 없는 날씨에 가는 것을 추천해본다. 날씨가 우중충하면 비교적 사람들이 적어서 어트랙션 기다리는 시간이 줄어들고, 레스토랑이나 기타 시설을 이용하는 데 더 용이하다.

10. 밤에 벌어지는 공연은 챙겨보자

하이라이트는 단연 밤에 벌어지는 공연이다. 이미 알고 있는 디즈니의 노래들과 애니메이션의 힘이란 엄청났다. 아는 노래들이 나오니 흥이 더했고 눈을 뗄 수 없는 화려함에 너무 즐거웠다. 불과 물, 레이저 등 각종 쇼에 휘둘려 정신을 잃을 즈음에 끝나는데 지금도 잊을 수가 없다.

Chapter 5

가까스로 길찾기

그래
교토에 가자

일본 여행을 하다 보면 꼭 만나게 되는 게 바로 JR 철도. Japan Railway(s)라는 이름을 쓰다 보니 외국인인 우리에게는 국영기업의 이미지가 있지만 JR은 1987년 민영화되어 지역마다 각각 다른 철도 회사가 되었다. 혹시 열차패스로 여행을 해볼까 했던 분들은 JR 동일본, JR 서일본 등에서 서로 다른 패스를 판매하고 있는 것을 본 적 있을 것이다. 각 지역을 달리는 로컬열차를 비롯해 고속철도인 신칸센도 운행하고 있는데 이때 눈여겨볼 점이 있다면 각 회사에서 벌이는 광고 캠페인이다.

'기차를 타고, 여행하라'는 단순한 메시지를 열차를 운행하는 지역의 아름다운 이미지와 카피를 통해 전한다. 봄이면 벚꽃이 만개한 아름다운 사진들과 몇 줄의 카피, 가을이면 단풍이 가득한 사진과 카피를 내놓는 식이다. 그중에서 가장 유명한 것이 바로 JR 도카이(JR東海)의 '그래, 교토에 가자'라는 캠페인이다.

1993년 처음 선보인 후 지금까지 이어지고 있는 캠페인으로 '도쿄에서 신칸센을 이용해 교토까지 빠르고 편하게 여행할 수 있다'는 것이 포인트다. 하지만 이 광고에서 열차를 타라는 직접적인 메시지는 전혀 보이지 않는다. 그저 아름다운 교토의 모습과 마음을 이리저리 흔드는 카피가 있을 뿐이다.
광고가 작품이 될 수 있구나 하고 감탄하게 되는데, 궁금한 분들은 유튜브에서 'JR 도카이 광고', 'JR 교토 광고' 등의 키워드로 찾아보시라. 풍성한 이미지와 적절한 내레이션 그리고 극적인 분위기를 만드는 음악이 어우러져 캠페인 제목처럼 '그래, 교토에 가자'하는 생각이 들곤 한다.

지금 격려가 필요한 사람이 있다면 '힘내', '기운 내'라는 말보다
나라면 이런 곳에 데려오고 싶다고 생각합니다

– 2000년 봄 시즌 JR 도카이 '그래, 교토에 가자' 캠페인 중

걷기 좋은 교토

교토 산책

1 언제 가도 좋은 교토 가모가와 강변
2 산책 중에 만난 강아지. 절대 얼굴을 보여주지 않던 깍쟁이
3 비 오는 날 숙소에서 나오자마자 마주친 여중생들의 등교 모습

교토에 가고 싶어지는 광고를 보다 보니 정말 가고 싶어 안달이 났다. 성격 급한 여행자인 나는 동행을 구하기 시작했지만 쉽지 않았다. 게다가 일본 여행이 처음인 친구들은 '도쿄가 아니고 교토라니?'라면서 다들 거기 뭐가 있냐고 질문하기 바쁘다. 한국인 여행자에게 일본 여행은 한 번 가면 멈추기 힘들고 안 가보면 영영 관심 없는 여행지 같다. 모르는 사람들은 아예 관심이 없고, 아는 사람들은 너무 많은 것을 알고 있는 극단적인 여행지랄까. 내 주변에는 교토에 관심이 있는 사람이 없었다. 게다가 친구라는 사람들이 대부분 직장인이었는데 이들 중 귀한 휴가를 얻을 수 있는 사람도 아무도 없었다.

'그래, 결심했어. 나 홀로 떠나겠어'

나 홀로 여행은 처음이 아니었다. 스페인에 홀로 일주일간 다녀온 적도 있다 (로맨틱한 그곳에서 혼자 온 것을 후회하며 일주일 내내 좌절만 했다지). 내 다시는 스페인에 가지 않겠다고 결심했다는 이야기를 주변에 천 번도 더 한 것 같다. 또다시 '나 홀로' 여행? 겁은 나지만 교토라면 다를 것 같았다.
태양의 뜨거움이 가시기 시작한 9월, 항공권을 예약했다. '교토에도 가을이 찾아왔겠지'하는 마음으로 떠났는데 오해였다. 9월 중순인데도 교토는 따뜻한 기운이 넘쳤다. 가지고 온 긴 옷들은 캐리어에 넣어두고 민소매를 챙겨 입었다.
7박 8일의 일정 동안 교토 이곳저곳을 쏘다녔다. 젊은 혈기가 왕성해서 더워 죽겠는데도 막 걸어 다녔다. 아침 일찍 숙소를 나와 밤늦게까지 한참을 걷다가 지쳐서 돌아오곤 했다. 목조 건축물이 즐비한 전통거리와 청수사, 은각사 등 유명 관광지들을 먼저 들렀고, 남는 시간에는 그냥 맘에 드는 동네 골목들을 뱅글뱅글 돌아다녔다.
날씨는 따뜻했고 교토는 구석구석 예쁘지 않은 곳이 없었다. 종종 여행자들이 말을 걸어와 두런두런 이야기를 나누며 여행을 이어가기도 했다. 은각사에서는 일본에서 공부하고 있다는 중국인 유학생 친구를 만났는데 누가 보면 오늘 처음 만난 사람이라고 생각하지 못할 만큼 화기애애했다. 아마도 은각사와 주변의 작은 골목들이 주는 편안함 때문이 아니었을까?

그런가 하면 아라시야마에서 교토에 자주 여행 온다는 미국인 아저씨도 만났다. 한때 한국인 여자친구가 있었다며 몇 단어를 한국어로 이야기하는 센스 있는 분이었다. 아저씨는 새로운 나라, 새로운 지역으로 여행을 떠난다는 것이 삶에 어떤 에너지를 주는지 알려주었고 별다른 일 없이도 머릿속에 고민을 잔뜩 넣어두고 사는 나에게 이런 이야기도 했다.

"혹시 다른 사람의 기준에 맞춰 사느라고 고민이 많은 건 아닌가요?"

정말 그런가? 여행은 가끔 예기치 못한 질문을 던지기도 했다.

관광객이 많은 교토의 중심가를 살짝 벗어나면 교토에 사는 평범한 사람들의 집이 있는 골목길이 나온다. 제일 좋았던 골목은 철학의 길 주변에 집들이 옹기종기 모여 있는 작은 골목길, 그리고 교토의 북쪽 기타야마 역 주변 골목길이다. 이곳의 볼거리라면 교토부립식물원으로 식물을 좋아하는 사람이라면 가볼 만하다. 교토라면 왠지 오래된 전통가옥들이 생각나지만 지금을 살아가는 사람들도 많다. 기타야마 역 주변은 그런 분위기를 느낄 수 있는 곳이었다. 특별한 볼거리도 유명한 맛집도 못 찾았지만 지금도 교토를 떠올리면 사람 냄새 나는 정겨운 그 골목길이 생각난다.

'그냥 혼자 어슬렁거린 시간이 좋았던 게지'

혼자가면 낭패인 여행지

경력 13년차 나홀로 여행자가
고백하는 혼자가서 낭패였던
여행지를 소개합니다 ~

혼자가면
위험합니다!

"스페인 남부지방"
너무 아름답고 로맨틱 해서 왕 외로움
← 알함브라 궁전

"프랑스 파리"
마카롱부터 크루아상까지 먹고싶은게
너무 많은데   혼자라 슬픔
ㄹㄹㄹ

"제주도"
항상 혼자 일하러 갔던 기분
친구들과 신나게 여행가고 싶어요!

길찾기 ★☆☆ | 볼거리 ★★★ | 분위기 ★★★

리조트 시라카미를 타고
원시림의 세계로

원시림은 사람에 의해 이용당하거나 벌채된 적 없는 천연 상태의 산림을 말한다. 대표적인 일본의 원시림은 가고시마현의 '야쿠시마(屋久島)'와 홋카이도의 '시레토코(知床)' 그리고 바로 아오모리현의 '시라카미 산지(白神山地)'다. 이 세 곳은 유네스코 세계자연유산으로도 등재되어 있다. 하지만 세 군데 모두 도심과 멀리 떨어져 여행하기 쉽지 않은데 그나마 시라카미 산지가 해외 여행자에게 접근성이 좋은 편이다.

시라카미 산지는 일본의 동북부, 도호쿠 지방(東北地方)에 위치한 아오모리현과 아키타현에 걸쳐 있다. 도호쿠는 우리로 치면 강원도 같은 느낌으로 드넓은 자연이 아름답고, 정겨운 시골 풍경이 펼쳐지는 곳이다.

아키타현은 김태희, 이병헌 주연의 드라마 〈아이리스 1〉, 아오모리현은 송중기, 문채원 주연의 드라마 〈착한남자〉의 촬영지로도 유명하다. 〈아이리스 1〉은 새하얀 겨울의 아키타를, 〈착한남자〉는 싱그러운 초록빛 여름의 아오모리를 보여준다.

인천 공항에는 아오모리 공항과 아키타 공항으로 가는 비행기 편이 있는데 두 공항을 이용해 일본에 입국했다면 JR 고노센 관광열차 '리조트 시라카미'를 타고 시라카미 산지에 다다를 수 있다. JR 고노센은 전체 길이 147.2km로 아름다운 해안을 따라 연결된 로컬선인데 쓰가루 평야, 동해 그리고 시라카미 산지의 풍경이 파노라마처럼 펼쳐진다.

겨울이라면 아키타도 힐끗거렸을 텐데 봄이 한창 지나가는 무렵이라 아키타가 아닌 아오모리를 택했다. 아오모리에는 봄이 늦는 편으로 3, 4월 봄 여행을 놓쳤다면 아오모리를 공략해도 좋다. 이곳은 보통 4월 중순부터 벚꽃이 피고 4월 말~5월 초에 만개한다. 분홍색 벚꽃이 질 즈음엔 하얀색 사과꽃이 만발한다. 아오모리는 일본에서 사과나무가 가장 많은 곳이기도 하다(우리가 '아오리'라고 부르는 사과의 고향이다).

시라카미 산지와 벚꽃 명소 히로사키 성, 공원의 벚꽃축제 그리고 사과꽃을 만나기 위해 아오모리로 출발했다. 인천에서 아오모리까지는 2시간 20분 정

리조트 시라카미 열차

도. 작고 귀여운 아오모리 공항에 내리니 '축 인천 아오모리 취항 20년'이라고 적힌 플래카드가 반갑게 맞아주었다. 아오모리 공항의 정규 국제노선이 인천 하나였기 때문이다.

아오모리 공항에서 리무진 버스를 타고 아오모리 역으로 향했다. 지방이라 그런지 공항 리무진 버스 티켓 가격도 착하다. 도쿄에서는 보통 3,000엔 하는 공항 리무진 버스비가 여기는 700엔 정도다. 시작부터 기분이 좋다.

아오모리 역 코인 로커에 캐리어와 무거운 짐을 넣었다. 그리고 이번 여행의 가장 중요한 일정을 위해 리조트 시라카미 열차 티켓을 구입하러 갔다. JR 열차를 이용하는 경우 역 안에 초록색 부스 JR Ticket Office에 가면 되는데 긴장이 되어 들어가기 전에 크게 숨을 한 번 쉬었다. 일본 열차의 티켓을 사는 건 너무 어렵다. 열차와 티켓의 종류도 많은 데다가 예약 필수인 열차도 있어서 상당히 복잡하다. 게다가 일본어라고는 드라마와 애니메이션을 통해 배운 기초 회화밖에 못하기 때문에 더욱 어렵다. 요즘엔 번역기가 정말 잘 나와서 다행이지만(타국어에 비해 일본어 번역기는 상당히 쓸 만한 편. 라인 사용자라면 라인 일본어 통역계정을 추천한다) 그래도 여전히 무섭다. 그런 마음을 감추고서 줄을 서고 순서를 기다렸다. 마침내 친절해 보이는 여직원 앞에 섰다.

스마트폰의 달력을 보여주며 리조트 시라카미 티켓이 있냐고 물었다. 그녀는 컴퓨터를 통해 뭔가를 한참 찾더니 내일, 모레, 글피 중 티켓이 있는 날은 모레 하루, 그것도 단 한 자리가 남았다고 했다. 운이 좋았다. 마침 여행했던 시기가 일본의 황금연휴인 골든위크였는데, 이 시기에 일본은 거의 한 주 가까이 쉬기 때문에 보통 가족끼리, 지인끼리 많이들 여행을 간다.

모레 티켓을 왕복으로 사고 싶다고 말했다. 출발은 히로사키 역, 도착은 주니코(十二湖). 돌아올 때는 반대로. 이렇게 간단한데 티켓을 사는 데 무려 30분이 걸렸다. 모든 티케팅을 완료하고 정리해보니 상냥한 여직원은 이렇게 안내했던 것 같다.

1) 리조트 시라카미는 왕복 티켓보다 JR 패스를 이용하는 것이 더 저렴하다.
2) JR 패스에는 JR 동일본패스와 JR 고노센패스가 있는데 JR 고노센패스 2일 권을 고르고 리조트 시라카미를 예약해 이용하는 방법을 추천한다.

여기에 나는 여러 가지 질문을 더했다.

1) JR 고노센패스가 2일이나 필요 없거든요. 그 패스로 또 어디를 갈 수 있나요?
2) JR 패스를 이용하지 않고 리조트 시라카미 티켓을 살 수는 없나요?

여직원은 상냥하게 설명해줬다. 물론 일본어로. 대충 알아듣고 JR 고노센패스＋리조트 시라카미 열차 예약비를 내고 티켓을 샀다. 패스를 이용해서 구매하는 것이 50엔가량 저렴했다. 하지만 JR 고노센을 이용할 일이 없었던 점이 아쉬웠다. 티켓을 사고 나오니 진이 다 빠졌다. 여행은 시작도 안 했는데 이렇게 피곤할 수가.

드디어 기대했던 리조트 시라카미 열차를 타는 날. 날씨가 좋았다. 열차 시간에 맞춰 서둘러 히로사키 역으로 갔다. '내가 이 티켓을 어떻게 샀는데 반드시, 무조건 즐거운 여행이 되어야만 해!' 없는 감동도 만들어내겠다는 굳은 의지로 열차를 기다렸다. 마침내 리조트 시라카미 열차가 들어서자 기다리던 사람들이 사진을 찍고 난리가 났다. '지지 않겠어!' 서둘러 카메라를 꺼내 리조트 시라카미의 등장을 담았다.

리조트 시라카미 열차는 1997년 첫선을 보인 후 인기 열차가 되었다. 열차는 색이 다른 세 가지 종류로 푸른색의 아오이케(青池, 푸른 연못), 흰색의 부나(橅, 너도밤나무), 주황색의 구마게라(くまげら, 까막딱따구리)다. 보통 열차보다 창문이 큰데 어떤 곳은 와이드 스크린처럼 펼쳐진 창도 있다. 열차가 가는 길을 정면으로 볼 수 있는 전망실도 있으며 운행 중간에 샤미센(三味線, 일본 전통 악기) 연주도 한다. 열차는 보통 좌석과 4인 박스석으로 4인 박스석은 의자를 붙여 이용할 수 있다.

예약한 좌석이 바로 4인 박스석이어서 먼저 앉아 있던 세 가족 사이에 불청객이 되어 들어섰다. 최대한 조심스럽게(나름대로 너희를 방해하고 싶지 않다는 뜻으로) 좌석이 맞는지 물어보고 앉았는데 엄마, 아빠 그리고 중학생 아들이란다.

리조트 시라카미 열차 타기

1 박스석은 의자를 내려 아빠다리를 하고 앉는 좌석으로 만들 수 있다
2 관광열차답게 창문이 정말 크다. 멀리 이와키 산이 보이고 주변엔 온통 사과나무밭

맥주를 마시고 기분이 좋은 엄마가 방글방글 웃으며 말을 걸어온다.
이야기를 하는 동안 열차가 출발하고 창밖엔 끝없이 이어지는 사과밭이 등장
한다. 평생 볼 사과나무를 이때 다 본 듯한데 마침 사과꽃이 한창 피어 있어
사과나무가 줄줄이 서 있는 모습은 그야말로 장관이었다. 사과나무 뒤로는
이와키 산이 계속 따라온다. 돌아오는 길에는 붉은 해가 이와키 산을 둥그렇
게 지나며 내려왔는데 산과 해, 노을이 어우러진 풍경이 그렇게 아름다울 수
가 없었다. 평야를 지나니 옆으로 바다가 펼쳐진다. 리조트
시라카미를 아오모리 방면에서 타고 가실 분들은 반드시
오른쪽 자리를 사수하시라. 바다가 보이기 시작할 때
부터 다큐멘터리 영화가 따로 없다. 너무 멋있다고
생각했는데 그러고 보니 이 바다가 우리의 동해가 아
닌가. 일본에서 동해의 아름다움에 폭 빠졌다.

열차를 타고 시라카미에 도착했다. 이곳은 핵심 지역과 완충 지역으로 나뉘어 있는데, 핵심 지역을 둘러보기 위해서는 사전에 허가를 받는 등 준비가 필요하다. 대신 주변 지역은 산책 코스를 따라 가볍게 체험을 해볼 수 있다. 세계 최대의 너도밤나무 원생림을 체험하는 '너도밤나무 산책코스(2시간 소요)', 너도밤나무 거목을 볼 수 있는 '마더 트리 코스(약 30분 소요)' 등 코스도 다양하다. 참가자의 컨디션, 날씨나 시간 등에 맞게 코스 설정이 가능하다니 시내의 투어리스트 인포메이션이나 시라카미 산지 비지터 센터를 이용해 알아보고 가는 것이 좋다.

나 홀로 여행자로 당일 여행을 계획한 터라 가장 가고 싶은 한 곳을 골라 체험하기로 했다. 그래서 정한 곳이 바로 신비의 푸른 연못, 아오이케. 시라카미 산지의 광대한 너도밤나무 숲에 있는 주니코 중 하나다. 주니코는 12개의 호수라는 뜻이지만 사실은 그보다 많고, 그중에서 가장 유명한 호수가 바로 아오이케다.

아오이케를 위해 주니코 역에서 내렸다. 이곳에서 또 한 번 버스를 타고 들어가야 한다. 원시림은 쉬이 그 자태를 보여주지 않는다. 꼭꼭 숨어 있는 그곳까지 산 넘고 물 건너가야 했다. 버스를 타고 10여 분 주니코 주차장에 내려 산책 코스로 접어들었다. 원시림이라더니 정말 나무들이 웅장했다. 키가 쭉 뻗은 게 견고해보였다. 5분 정도를 걸으니 바로 신비의 푸른 연못 '아오이케' 팻말이 나왔다. 곧이어 파란 잉크를 뿌려 놓은 듯한 청명한 푸른빛의 호수가 나타났다. 그 모습을 처음 본 순간 '우와'하는 작은 감탄사가 흘러나왔다. 커다란 원시림에 둘러싸인 작고 파란 호수가 마냥 신비로웠다. 바람이 불어 수면을 흔들면 조금씩 색이 달라보였고, 구름이 햇빛을 가려 그늘이 지면 또 새로웠다. 아래위, 양옆 다들 모르는 사람들이었지만 호수를 바라보며 똑같이 '와~'하고 작은 소리를 냈다. 이런 신비로운 색은 처음이었다. 게다가 물속이 투명해서 가라앉은 나무와 나뭇잎, 심지어 물고기까지 깨끗하게 보였다. 어

시라카미 산지

1 울창한 나무와 신선한 공기를 만날 수 있다
2 파란색이 반짝이는 신비로운 연못, 아오이케

느 정도 시간이 흘렀음에도 자연이 만든 신비의 공간, 아오이케를 벗어나는 건 쉽지 않았다. 한동안 아무 일도 벌어지지 않는 작은 호수를 가만히 바라보았다.

'신비로워. 자연은 참 신비롭구나~'

아오이케를 빠져나와 다시 걸었다. 주변의 호수도 아오이케만큼 파란색은 아니지만 저마다 독특한 색을 빛내고 있었다. 산을 좋아하지 않는 나라도 이곳 시라카미 산지라면 언제든 두 팔 벌려 환영이다.

리조트 시라카미 열차에서

길찾기 ★★☆ | 볼거리 ★★★ | 분위기 ★★★

눈, 코, 입 모두 즐거운
히로시마 미야지마

예로부터 풍경이 아름답다 하여 미야기현의 '마쓰시마(松島)', 교토부의 '아마노하시다테(天橋立)', 그리고 히로시마현의 '이쓰쿠시마(厳島)', 이 세 곳을 일본삼경이라 불렀다. 이쓰쿠시마는 미야지마라고 부르기도 하는데(여기서는 미야지마로 통칭), 나는 마쓰시마와 미야지마를 다녀왔다. 아마노하시다테는 교토부라고는 하지만 교토 도심에서 차로 2시간 이상, 열차로 3시간이 걸리는 먼 거리다. 게다가 대중교통을 이용하는 뚜벅이 여행자에게 적절한 패스도 마땅치 않아 아직 가보지 못했다.

겨울이 코앞으로 다가온 가을의 어느 날, 운명 같은 항공권을 만났다. 인천-히로시마행은 보통 30만 원대인데, 15만 원짜리 표가 나온 것이다. 이것은 신이 주신 찬스가 아닐 수 없었다. 잠깐 회사를 쉬고 있는 친구에게 득달같이 카톡을 날렸다. 그녀는 일본 여행이 처음인 데다가 스케줄, 경비 등으로 고민하고 있었는데, 가능한 멋진 단어를 동원해 꾀기 시작했다. 이윽고 15만 원짜리 티켓 두 장을 손에 넣었고 신나서 여행 계획표를 만들기 시작했다.

시간은 어느새 흘러서 우리는 히로시마에 도착했다. 공항은 작았고 입국심사도 금방 끝이 났다. 도심으로 들어가는 리무진 버스는 1,340엔(이 정도면 좋다, 좋아). 리무진 버스를 타고 히로시마 역으로 간 다음 다시 노면전차를 타고 미야지마구치 역까지 이동, 페리를 타고 미야지마로 들어가야 했다. 노면전차의 낭만을 즐기자며 노면전차+페리 패스를 샀는데 전차로만 1시간이 걸리는 여정이었다. 정말이지 너무 멀었다. 전차를 타고 덜컹덜컹 가는 길에 창밖으로는 노르스름하고 불그스름한 노을이 지고 있었다. 창으로 들어오는 오후의 빛이 나른해서 친구와 나란히 앉아 꾸벅꾸벅 졸기 시작했다(다행히 침은 흘리지 않았다). 한참을 가다가 종착역에서 안내 방송이 흘러나왔고 그 소리에 놀라 벌떡 일어났다. 역을 나오니 페리를 타는 작은 항구가 보였다. 히로시마 노면전차+페리 패스를 구매하면 페리까지 무료로 탈 수 있다. 로맨틱한 페리를 상상했는데 미친 듯이 바람이 불었다. 주위를 돌아보니 다들 산발이 된 채로 배 위에서 미야지마를 배경으로 사진을 찍고 있었다.

드디어 미야지마에 도착했다. 어렵사리 도착한 미야지마에서 제일 먼저 관광객을 맞아주는 녀석들은 바로 사슴들이다. 사슴 같은 눈망울을 한 예쁜 사슴

히로시마에서 미야지마 가는 길

1 노면전차를 타고 미야지마 항구에 내린다
2 노을 지는 배경의 도리이 모습은 미야지마의 하이라이트

을 기대하셨다면 다들 물러나시라. 의외로 사슴들은 거칠고 대범하다. 관광지에서 사는 만큼 사슴들은 사람에 대한 두려움이 없고 심지어 뽀시락 하는 비닐봉지 소리만 나도 잽싸게 달려가 먹이인지 확인한다. 결론은 조심하시라는 것.

겨우 사슴들을 지나쳐 골목길로 들어서면 미야지마의 최고 번화가인 오모테산도에 입성한다. '오모테산도? 도쿄의 그 오모테산도?' 그렇다. 도쿄에도 유명 관광지인 오모테산도가 있다. 알고 보니 오모테산도는 특정 지명이 아니라 통상적으로 일본에서 '참배를 하러 가는 큰길'을 오모테산도(表参道)라고 한단다. 그래서 일본 곳곳에는 오모테산도라는 지명이 많다.

이곳 오모테산도에는 여행자를 유혹하는 간식거리가 눈길을 끈다. 특히 굴구이가 가장 많이 보였다. 불길에 직접 굽는 굴구이는 수분이 날아가지 않도록 굽는 것이 특징인데 굴 특유의 향과 즙이 촉촉하게 남아 있게 구워준다. 함께

미야지마 탐험
1 도착하자마자 마중 나온 사슴들을 만날 수 있다
2 불에 직접 굽는 굴구이가 유명하다
3 시식이 풍성한 모미지(단풍) 만주

간 친구는 해산물을 싫어해 결국 혼자 굴구이를 사 먹었다. 토실토실한 굴에
서 즙이 풍성하게 터지고 상큼한 레몬 소스가 스르르 밀려드니 자동으로 '이
거 정말 맛있네~'하게 된다.

굴구이 말고도 고구마를 올린 아이스크림이며 이곳의
명물인 모미지 만주도 종류별로 여행자를 유혹한다.
모미지 만주는 단풍모양을 한 전통과자로 보통은 달
달한 팥소가 안에 들어 있으나 가게마다 다른 소를
넣은 개성만점 모미지 만주를 만날 수 있다. 관광지
라 그런지 인심도 좋아서 가게마다 시식용 모미지 만주

가 많았다. 하지만 패키지여행을 온 중국인 관광객들이 먼저 들어간 가게에
는 시식용이고 판매용이고 아무것도 남아나질 않았다(역시나 대륙의 클래스).
오모테산도를 둘러보고 남은 일정은 시시이와 전망대였다. 시시이와 전망대
에서는 일본의 지중해라 불리는 세토내해를 조망할 수 있는데 이곳에 가기
위해선 로프웨이를 타야만 했다. 나로 말할 것 같으면 롤러코스터는 태어나
서 타본 적이 없다. 앞으로 탈 계획도 없다. 보기만 해도 무서워죽겠다. 하지
만 관광지의 관람차나 로프웨이, 곤돌라 등은 죽음의 공포를 느끼면서도 꼭
꼭 타려고 하는 편이다. 그래서 오사카 도심 한복판에 있는 관람차인 헵파이
브를 타고는 15분 정도를 공포에 바들바들 떨었던 몹쓸 기억도 있다. 얼마나
무서웠는지 손에 땀이 나서 눈물처럼 뚝뚝 떨어졌었는데 내려달라고 울부짖
지 않은 게 천만다행이었다. 이곳 로프웨이 역시 무서웠지만 여기까지 왔는
데 그냥 갈 수 없다며 꾸역꾸역 몸을 집어넣었다. 로프웨이는 2번에 걸쳐 타
게 되는데 처음엔 작은 로프웨이를 타고 중간역에 내려 큰 로프웨이로 갈아
탄다. 먼저 탄 작은 로프웨이는 글쎄 생각보다 너무 작고 낡았다. 무서워서
이거 가다가 떨어지는 거 아니냐며 호들갑을 그렇게 떨었다. 대롱대롱 케이
블에 매달려 간신히 올라가는 데다가 아래는 떨어지면 엉덩이를 콕 찌를 것

같은 삐죽삐죽 나무들만 가득한 숲이었다. 주변이 아름다웠던 것 같았는데 제대로 볼 수도 없었다.

공포의 시간을 지나 로프웨이 종착역에 내리자 전망대로 오르는 길이 나왔다. 몇 걸음 걸어 올라가니 아기자기한 작은 섬들과 드넓은 바다가 보였다. 나름대로 거금 1,350엔(패스 소지 시 할인)과 10여 분의 공포와 맞바꾼 이 아름다운 풍경은 일본삼경이라는 이름에 걸맞은 풍경이었다. 날씨도 좋아서 멀리까지 푸른빛의 바다를 볼 수 있어서 다행이었다. 잠자코 바다를 바라보는데 섬 하나가 눈에 콕 들어왔다. 익숙한 종 모양의 초콜릿과 닮아서 우리는 키세스라는 별명까지 지어줬다.

아이코, 귀여워라~

초콜릿을 닮아 우리가 이름 붙인 키세스 섬

미야지마 유람기

페리를 타고 미야지마로 가는 길에 유명한 바다 위의 도리이를 멀리서 구경하며 도착!

도착하자마자 사슴을 만나고 간식거리를 즐길 수 있었어요.
굴구이는 별미↑

미야지마 로프웨이를 타고 전망대로 출발~

안녕~
귀여운 키세스 모양의 섬 구경을 실컷 했어요.

사슴은 은근 무서워요!

길찾기 ★☆☆ | 볼거리 ★★★ | 분위기 ★★★

엄마가 생각나는
하루

좋은 곳에 오면 엄마 생각이 난다. 문제는 이런 내가 참 민망하다는 것인데 왜냐하면 딱히 효녀도 아니기 때문이다. 효녀와 불효녀를 길게 줄을 세운다면 나는 아마도 '불효녀'에 가까운 곳에 서 있을 사람이다.

일본 온천은 참 좋다. 그래서 온천에 올 때마다 엄마 생각이 난다. '다음엔 엄마랑 와봐야지~'라고 생각하지만 아직 한 번을 같이 온 적이 없다. 그렇다. 나는 '불효녀'에 가까운 곳에 서 있는 것이다. 가봤던 일본의 온천들은 대부분 좋았다(뭐, 대단히 많이 가본 것도 아니지만). 심지어 작은 도시의 동네 목욕탕들도 너무 좋았다. 그래서 떠난 여행지가 기노사키 온천이었다.

작은 온천 마을 기노사키에는 소토유가 7개나 있다. 소토유(外湯)란 료칸에 딸린 온천이 아니라 목욕탕처럼 드나들 수 있는 온천을 말하는데 숙박하지 않고도 동네 대중탕에 가듯이 갈 수 있다.

신오사카에서 JR 고노토리 열차를 타고 2시간 30분 정도 지났다. 종착역이 바로 기노사키 온천 역이라 '언제 내려야 하지?'하는 걱정이 없어서 좋았다.

에키벤도 까먹고 창밖 구경도 실컷 하다가 잠이 들었는데 어느 틈에 도착했다. 열차 안에서만큼은 근심, 걱정이 싹 사라지는 기분이 들어 무얼 하든 즐겁다. 인생도 열차 여행을 한다고 생각하면 좋을 텐데 왜 평소에는 그게 되지 않는 걸까?

역에 도착해 내렸더니 역 앞에는 대문짝만 하게 '기노사키 온천'이라고 쓰여 있다. 나무에 번듯하게 적혀 있는데 멋스러웠다. 이번 여행의 기대감을 안고 역을 나오니 눈앞엔 당장 카메라를 꺼내들어야 할 것만 같은 멋진 풍경이 펼쳐졌다. 커다란 기노사키 온천 글씨와 그 우측에 있는 족탕, 삼삼오오 모아둔 게다(일본 전통 나막신), 황새 동상(소토유 중 하나인 고우노유에는 다리를 다친 황새가 상처를 치유했다는 전설이 있다고 한다), 온천수 체험시설 등 셀 수 없었다. 더욱이 주변에는 유카타를 입은 커플도 지나다녀 분위기를 더했다. 보통 유카타

기노사키 온천 마을의 풍경

는 료칸 안에서만 입는데 기노사키 온천 마을은 마을 전체를 하나의 큰 온천으로 생각하기 때문에 마을 곳곳엔 유카타를 입고 유유자적 돌아다니는 사람들을 볼 수 있다. 기노사키 온천 마을을 걷다 보니 '여긴 엄마랑 오기 좋을 곳인데'하는 생각이 들었다. 엄마와 헐렁한 유카타로 갈아입고 느긋하게 마을을 구경하며 주전부리를 실컷 먹고 싶어졌다.

온천 마을이라 그런지 대학생 때 기억이 떠올랐다. 여자 선배 둘이 일본 온천 여행을 하고서 엄청 좋았다고 자랑을 해대는데 내심 '목욕이 대체 무슨 재민교?'하고 생각했던 것이다. 씻는 걸 그리 좋아하지 않는 나는 그때까지만 해도 온천에는 관심이 없었다.

'뜨거운 물에 들어갔다가 나오는 게 뭐가 그리 즐거운 일일까나?'

온천의 추억을 넓은 의미에서 '목욕의 추억'이라 한다면 알싸한 기억이다. 목욕탕은 들어가면 뜨겁고 나오면 추운 온도 차가 급격한 사나운 곳이다. TV를 보면 목욕탕의 기억을 '바나나 우유의 달콤한 추억'쯤으로 묘사하는 경우가 있던데 그것은 왠지 미화된 이미지 같다. 내가 만난 많은 사람들은 목욕과 관련된 무시무시한 기억을 가지고 있다. 초등학생임에도 엄마 따라 여탕에 올 수밖에 없었던 남학생은 그곳에서 꼭 같은 반 여학생을 만나곤 했고, 자기 몸 씻으랴 자식 씻기랴 바쁜 엄마는 아이들의 몸뚱이에 불이 나도록 때를 밀었다. 목욕을 마치고 옷을 입으러 갈 때면 오들오들 떨리는 차가운 시간도 지나야 했다.

이렇게 목욕과 목욕탕에 반감을 갖고 흘겨보고 있던 나에게 일본 온천의 세계가 열렸다. 어른이 되고 나서 즐기는 '온천의 즐거움'은 다른 것이더라. 특히 노천온천의 세계가 감동적이었다. 일단 물이 깨끗하고 보통 물이랑 다르게 미끈미끈해서 씻고 나면 피부가 보들보들해진다. 건성인 사람도 지성인

기노사키 온천 풍경

1 열차에서 내린 관광객들은 기노사키 온천 역 앞에서 기념사진을 찍느라 바쁘다
2 유카타를 입고 마을 이곳저곳을 다녀도 괜찮다

사람도 온천을 하고 나면 뽀얀 살결에 만족할 수 있다(온천수가 다르긴 다른가 보다). 몇 군데의 온천을 가보았지만 기노사키 온천은 그중에서도 손에 꼽는다. 아마 마을 전체에 감도는 느긋한 분위기가 좋았던 것 같다. 아니나 다를까 2013년 2월『미슐랭 그린 가이드 일본』(프랑스어판)에는 별 두 개를 받았고『론리플래닛』에는 'Best Onsen Town'(최고의 온천 마을)으로 소개되기도 했단다. 좋은 곳을 바라보는 눈은 같다.

기노사키 온천 관광안내소에서 추천하는 기노사키 온천을 즐기는 방법은 '소토유메구리'이다. 이것은 7개의 소토유를 순서대로 즐기는 것을 말하는데 7개 온천의 다른 매력을 맛보는 것은 좋지만, 하루에 온천을 7번이나 다닌다는 건 불가능한 일이다. 더욱이 7개의 온천은 영업시간이 다르고 휴일이 달라 7개를 모두 다녀온다는 게 말처럼 쉽지는 않다. 허나 소토유메구리 티켓이 1,000엔이고 소토유 한 군데가 보통 600엔에서 800엔의 입장료가 있으니 2개의 온천만 이용해도 남는 장사다. 7개를 모두 클리어하지 못하더라도 2곳쯤은 다녀올 수 있는 느긋한 여행자라면 소토유메구리 티켓을 구입해도 좋다.

기노사키 온천 마을 탐험

1 미인 온천이라고 불리는 고쇼노유
2 기노사키 역 바로 옆에 족욕탕이 있다
3 목욕탕 안 자판기에서 파는 커피 우유
4 고즈넉한 풍경의 온천들
5 기노사키 전망대에서 바라본 온천 마을

소토유메구리 대신 이번 여행에서 점찍은 곳은 미인 온천이라 불리는 고쇼노유다. 미인이 되면 뭘 해야 할까 하는 해보나마나 한 상상을 하며 찾아갔다(안타깝게도 아직 미인이 되지 못했다). 리뉴얼을 마치고 예쁘게 재단장한 이곳엔 유명한 폭포가 흐르는 노천탕도 있다. 고쇼노유에 들어서니 소토유메구리 티켓을 구입할 것인지 묻는다(소토유메구리 티켓은 7곳의 소토유에서 구입할 수 있다). 그냥 이곳만 이용하겠다고 800엔짜리 고쇼노유 입장권을 샀다. 역시 자판기의 나라 일본. 어김없이 자판기를 가리킨다. 자판기의 꼬부랑 일어들을 살펴보고 있으니 직원이 손가락으로 가리킨다. 숫자만 보면 될 것을! 800엔짜리 티켓을 사고 작은 수건도 하나 샀다. 큰 수건은 대여비를 받고 빌려주고 작은 수건은 200엔 정도에 판매하고 있는데 작은 수건은 호텔에서 볼 수 있는 얇은 손 닦는 수건 정도의 크기다. 이왕이면 수건을 준비해오는 걸로.

탕으로 들어가보니 여자들이 가득했다(여탕에 왔으니 당연하지만). 몸을 씻은 뒤엔 온천에 들어갔다. 처음엔 실내에 있는 탕에 들어가서 몸을 좀 데우고 잠깐 쉬었다가 노천탕으로 간다. 이때는 마음을 굳게 먹어야 한다. 노천온천으로 가는 몇 초간이 정말 추우니까.

폭포를 바라보며 노천온천에 앉았다. 좌측에는 모녀가, 앞에는 나이 지긋한 친구인 듯한 두 분이 앉아 계신다. 노천온천의 크기가 좀 작아서 이렇게 앉아 있으니 온천이 꽉 찬다. 다른 세상 소리는 들리지 않고 폭포 소리만이 경쾌하다. 이래서 다들 폭포에서 수련했나 싶다. 폭포 소리와 파릇한 초록빛 나뭇잎, 따끈한 물. 인공적인 장소임에도 불구하고 자연 속에 들어앉은 게 꼭 자연인이 된 기분이다. 이 온천이라면 엄마랑 와도 되겠다. 여느 딸내미처럼 조잘조잘 잘 떠들지 못해도 여기는 폭포가 있어서 어차피 대화를 나누지 않아도 괜찮다.

노천온천에서 나와 다시 밖으로 나갈 채비를 하다가 '만약 엄마와 이곳에 왔다면 어땠을까'하고 생각했다. 그때는 수건을 안 가져온다거나 로션을 가져오

城崎工芸品センター
ふるや
EBINOYA
OTSUKA

지 않아 당기는 얼굴을 이리저리 만지는 일은 없겠다 싶어 웃음이 났다. 엄마는 항상 목욕탕에 간다고 하면 갑자기 커다란 가방에 샴푸, 린스는 물론이고 안 쓰고 챙겨두었던 1회용 샘플들까지 모조리 담는다. 어릴 땐 '이 아줌마는 뭘 이렇게 많이 가져가는 거야?'했는데 지금은 그녀의 라이프스타일을 존중한다. 결국, 다 쓸 데가 있더구만.

길찾기 ★☆☆ | 볼거리 ★★★ | 분위기 ★★★

구라시키 미관지구까지 가는
험난한 여정

JR 간사이와이드패스는 간사이 지역을 비롯해 오카야마와 시코쿠의 다카마쓰까지 커버되는 신통방통한 패스다. 한 도시에서 진득하게 여행을 하는 여행자라면 이런 패스에 눈독 들일 일이 없겠지만 아래 사항 중 하나라도 포함된다면 JR 간사이와이드패스를 심히 추천해본다.

1) 오사카, 교토, 고베, 나라로 이어지는 간사이 여행을 1번 이상 해봤다.

2) 빠르고 멋지지만 가격이 사악한 신칸센을 한 번 타보고 싶다.

3) 우동의 본고장에 가서 '우동 좀 먹고 올게~' 해보고 싶다.

4) 유명한 여행지 말고 작은 소도시를 가보고 싶다.

5) 열차 여행을 좋아한다.

글을 쓰고 있는 본인은 5개에 모두 해당하므로 고민 없이 JR 간사이와이드패스를 구매하여 패스 이름 그대로 간사이를 와이드하게 패스하고 다녔다. 숙소는 신칸센이 출발하는 신오사카 역 부근의 에어비앤비로 잡았고, 아침 일찍 일어나 에키벤을 사서 멀리 떠났다가 밤늦게 들어오는 4박 5일간의 열차 여행을 계획했다. 그 하이라이트 중 하나가 바로 오카야마현 구라시키 미관지구였다. 오카야마현은 경기도 같은 지역이고 구라시키가 바로 시(市), 그리고 미관지구는 말 그대로 예쁜 곳이라 해서 붙은 이름이다.

JR 간사이와이드패스가 오카야마에서는 딱 구라시키 미관지구까지 커버된다. 신오사카 역에서 오카야마 역은 신칸센을 타고 1시간 35분 정도 걸린다. 오카야마 역에 도착하면 다시 재래선을 타고 구라시키 역, 그리고 도보 10분이면 구라시키 미관지구다.

신오사카 역 → (신칸센) → 오카야마 역 → (재래선) → 구라시키 역 → (도보) → 구라시키 미관지구

신오사카 역에서 처음으로 신칸센을 타던 날, 신칸센에는 열차의 종류에 따라 다양한 이름이 있다는 걸 알게 되었다. 오카야마로 향하는 신칸센은 히카리, 노조미 등이 있는데, 노조미가 제일 빠르다는 것만 기억하고 있으면 된다. 내가 이용하는 신오사카→오카야마 구간은 산요 신칸센, 신오사카→도쿄 시나가와 구간은 도카이도 신칸센이란다. 우와. 너무 복잡하다. 그냥 경부선 KTX만 타본 나에겐 너무 혼란스럽다.

열차를 확인할 때는 가장 먼저 구글 맵을 찾으면 된다. 출발지점과 도착지점을 체크하면 가장 빠른 교통수단과 방법을 알려주는데 그 내용을 가지고 역무원에게 보여주면서 물어보면 더 확실하다. 오카야마 역은 대부분 열차가 정차하는 역이라 무엇을 타도 상관이 없었다. 다만, 신칸센에도 종류에 따라 역마다 정차해서 시간이 오래 걸리는 열차가 있으니 기왕이면 제일 빠른 노조미를 타는 것이 좋다.

간사이와이드패스와 신칸센

1 5일간 사용할 수 있는 간사이와이드패스는 오카야마 구라시키까지 커버된다
2 신오사카 역에서 오카야마 역까지 신칸센을 타보는 것도 즐거운 경험!

탑승할 열차의 이름을 알았다면 자유석이 어디인지 찾아둬야 한다. JR 간사이와이드패스가 있어도 예약석일 경우 탑승할 수 없으니 自라고 표기된 구역을 찾아두면 좋다. 역에는 열차마다 자유석과 예약석의 구분을 알려주는 게시판이 있는데 예를 들면 16량 노조미 열차는 1~3번 객차가 바로 자유석이다. 자유석 객차번호를 확인했다면 그 자리를 찾아 기다리면 된다.

'휴~ 신칸센 타기 쉽지 않다'

신오사카 역에서 오카야마 역은 1시간 이내에 도착한다. 오카야마 역에서 구라시키 역까지는 로컬열차를 타는데 신칸센 플랫폼과 다른 재래선 플랫폼으로 이동해야 했다. 정신을 똑바로 차리고 재래선을 타기 위해 Local Train이라고 쓰인 곳을 찾았다. 오카야마 역에서 구라시키 역까지는 네 정거장, 20여 분이 걸려 도착했다.

이 험난한 여정을 겨우겨우 마치고 구라시키 역에 도착하니 이렇게 평화로울 수가 없다. 역은 예상보다 컸지만 조용하고 수수한 풍경이라 이동하면서 쿵쾅대던 마음이 가라앉았다.

역에서 천천히 걸어 나와 오른쪽 길을 택했다. 바로 아케이드가 있는 상점 가가 이어져 있어 크고 작은 가게들을 구경하며 구라시키 미관지구로 향했 다. 큰 대로변으로 접근하면 더 일찍 도착할 수 있다는데 상점가의 허름한 피 규어 가게에서 꽤 시간을 허비했다. 포켓몬 시리즈는 뭐가 있는지 구경하고 100엔짜리 럭키를 골라 샀다. 골목길에서 나 혼자 좋아하는 100엔짜리 쓸데 없는 물건을 골랐을 때의 그 희열! 솔직히 이런 재미에 일본 여행을 한다. 왜 이런 어른이 되었는지 모르겠다. 털썩. 상점가에서 구라시키 미관지구는 멀 지 않다. 골목을 돌아 나서니 바로 구라시키 강이다. 그리고 정면에 보이는 오하라 미술관.

'유럽 온 줄 알았네~'

하고 아래를 내려다보니 이번엔,

'아니, 웬 백조가?'

이곳이 범상치 않은 곳임은 단번에 알아버렸다. 미관지구를 유유히 흐르는 강에는 작은 나룻배가 손님들을 태우고 나가고 있었는데 뱃사공이 들고 있는 노가 너무 얇아서 '저걸로 과연 저어지는 건가?'하는 의문이 생겼다. 마치 과 거로 시간여행을 온 것 같았는데 알고 보니 이곳은 300여 년 전 에도 시대 모 습을 간직한 상인들의 도시였다.

구라시키라는 지명은 창고가 많아서 지어졌다는데 지금까지도 많은 창고가 남아 있고, 18~19세기 창고와 마을 일대가 일본의 중요 전통건축물군 보호지 구로 지정되어 있다. 미관지구라는 이름에 맞게 아름다움도 잘 간직하고 있

는 것이 특징인데 가장 인상 깊었던 것은 관광지의 피로함이 전혀 없었다는 점이다. 호객행위를 하는 상점 직원도 없고, 시끄러운 관광객도 없었다. 해가 지고 어둑어둑해지자 오히려 상점들이 문을 닫아서 여행자 입장에서는 황당할 정도였다.

'저기요~ 영업 좀 더 하셔야 하지 않을까요?'

구라시키는 창고의 동네라더니 정말 창고가 많았다. 대부분 외벽이 흰색으로 깨끗하고 단정해서 이곳을 더 깔끔하게 보이게 하는 것 같았다. 화려한 간판도 없고, 차도 거의 다니지 않는다. 곳곳에 서 있는 버드나무만 바람이 불 때마다 살짝살짝 흔들리며 고즈넉함을 만들어내고 있었다.
구라시키 강을 사이에 두고 유명한 두 건물이 마주 보고 서 있는데 하나가 유

구라시키 미관지구 산책
1 구라시키 강에서 내 집처럼 지내는 백조 커플
2 골목길 끝에 오하라 미술관이 보인다

린소, 그리고 다른 하나가 바로 오하라 미술관이다(유린소와 오하라 미술관 티켓을 함께 판매하는데 원하는 곳만 따로 티켓을 사서 입장할 수도 있다). 이 두 건물 모두 오하라 가문의 건물이었는데 별장으로 쓰던 유린소는 관람객 입장도 가능하게 만들어 관광명소가 됐다. 노란색과 녹색이 감도는 기와는 햇빛이 반사되면 오묘한 색도 만들어낸다.

오하라 미술관은 LA의 게티 뮤지엄을 생각나게 했다. 게티 뮤지엄은 석유로 재벌이 된 폴 게티가 LA에 멋진 미술관을 만들어 시민들에게 무료로 개방하고 있는 미술관이다. 오하라 미술관은 오하라 가문의 지원을 받던 예술가 고지마가 직접 하나하나 고른 미술품을 모았는데 그 컬렉션 수준이 상당했다. 유료이기도 하고, 규모나 크기에서 차이가 있긴 하지만 예술에 대한 그들의 관심이나 지원 면에서 비슷한 느낌을 받았다. 더욱이 미술관 하나가 그 도시의 인상을 만든다는 데서도 그랬다.

미술관에는 인상파를 비롯한 유럽의 유명 작가들과 잭슨 폴록과 뒤샹에 이르는 폭넓은 작품들이 있었다. 도쿄도 아니고 오사카도 아닌 구라시키에 이렇게 훌륭한 미술관이 있다는 게 부러웠다. 회화뿐 아니라 조각 같은 작품들도 많이 소장하고 있었는데 길쭉하고 거친 자코메티의 작품도 오랜만에 만나 너무 반가웠다.

이 미술관의 하이라이트는 엘 그레코의 '수태고지'였다. 스페인 화가인 엘 그레코는 다소 거친 느낌으로 강렬한 그림들을 그려냈는데 '수태고지'에는 빛과 어둠의 대비와 천사와 마리아의 대비가 강렬하게 표현되었다. 엘 그레코가 그다지 유명하지 않았던 시절 고지마는 이 작품을 꼭 구매하고 싶어 했는데 그를 신뢰했던 오하라가 선뜻 작품을 구매해 일본의 작은 도시 구라시키에 오게 된다. 이후 엘 그레코가 유명해지면서 오하라 미술관의 '수태고지'도 덩달아 명성을 얻게 되었다.

구라시키 강을 중심으로 한 길에서 살짝 벗어나 작은 골목길에 들어서니 작

구라시키 미관지구 추천 포인트
1 입장료가 아깝지 않은 오하라 미술관
2 시아와세(행복) 푸딩으로 유명한 유린안
3 호객행위 하나 없는 고즈넉한 구라시키의 밤

은 상점들이 줄줄이 서 있었다. 그중에 구라시키 미관지구의 명물이라는 시아와세(幸せ) 푸딩을 파는 유린안도 보였다. 우리말로 하면 '행복' 푸딩이다. 영어로는 스마일 푸딩이라고 설명하고 있는데 푸딩 위에 그려놓은 웃는 얼굴이 그야말로 '행복'해 보였다. 하루에 정해진 개수만 만들어 판다는데 영업을 마감한 터라 푸딩은 맛은커녕 실물도 보지 못했다. 그래도 사진만으로도 슬며시 미소가 지어졌다.

유린안은 원래 게스트하우스로 MBC 〈나 혼자 산다〉에 출연했던 김동완이 이 숙소에서 간장달걀밥을 먹는 바람에 유명세를 탔다. 나무 마루가 있는 고즈넉한 풍경에서 기타를 치는 모습이 나오기도 했다. 마침 내가 여행했던 때와 겹쳐서 그의 여행기 영상을 정말 재미있게 봤더랬다.

그런데 그 이후에 훨씬 재미있는 이야기를 듣게 되었다. 다른 시리즈를 연재

하느냐고 마침 쉬고 있던 네이버 포스트의 일본여행기 시리즈에 오랜만에 댓글이 하나 달려 있었다. 열어보니 구라시키 미관지구 편이었다. 처음 본 아이디의 어떤 분이 짤막한 글을 달아주셨다.

"3년 전 유린안에서 우연히 아내를 만났습니다.
지금은 결혼해서 한국에 살고 있어요.
구라시키에서 살던 때가 가끔 그립습니다.
인정 많고 살기 좋은 곳이었습니다"

글을 읽고 문득 가고 싶어졌다. 인정 많고 살기 좋은 구라시키.

구라시키 미관지구에서 예쁜 사진을 찍어보자.

센과 치히로와
대중목욕탕

너~무 좋은데 설명하기 힘든 것들이 있다. 고가네이 공원이 그렇다. 봄이면 두툼한 벚나무에서 저마다 풍성하게 벚꽃을 피워내는데 그 모습이 장관이다. 도쿄 도심의 벚꽃 명소들이 많지만, 고가네이 공원은 사람이 많아도 워낙 넓어서 한적한 느낌이다. 벚꽃이 지고 싱그러운 초록빛 여름이나 부드러운 공기가 들어서는 가을, 겨울에도 이 공원은 한적하게 사람들을 맞이하고 있다. 동네 주민이 되고 싶을 만큼 공원이 매력적인데 여행자에게는 도쿄 도심에서 좀 멀다는 큰 단점이 있다.

고가네이 공원을 보려고 이곳을 찾은 것은 아니었다. 한 장의 사진을 보고 '에도 도쿄 건축박물관'에 가고 싶어 알아보다가 고가네이 공원이 나왔다. 사진은 스튜디오 지브리의 미야자키 하야오 감독과 그의 작품 중 하나인 〈센과 치히로의 행방불명〉의 캐릭터인 가오나시를 노란색 전차 앞에서 찍은 것이었다. 〈센과 치히로의 행방불명〉 아카데미 수상을 기념해 찍은 인증샷이라는데 가오나시가 수줍게 서 있고 그 옆의 미야자키 감독은 털털한 표정이다.

사진 속 에도 도쿄 건축박물관은 고가네이 공원 안에 야외 드라마 세트장처럼 꾸며져 있다. 그리고 쇼와 시대 도쿄 목욕탕(子宝湯) 건물이 있는데 이 목욕탕이 치히로가 일했던 목욕탕 건물의 모티브가 되었다는 후문이다. 물론 미야자키 감독과 가오나시가 인증샷을 남긴 노란색 전차는 말할 필요 없이 인기 만점이고.

〈센과 치히로의 행방불명〉은 스튜디오 지브리의 애니메이션 중 역대급으로 꼽히는 작품이다. 2002년 베를린영화제 황금곰상과 2003년 아카데미 장편 애니메이션상을 받았고, 흥행에도 성공해 예술성과 대중성을 동시에 갖춘 좋은 작품으로 평가된다. 애니메이션의 인기는 영화의 배경지로 알려진 곳들로 퍼졌는데, 대표적인 곳이 대만의 지우펀 그리고 바로 이 에도 도쿄 건축박물관에 있는 그 목욕탕이다.

〈센과 치히로의 행방불명〉은 『이상한 나라의 앨리스』를 떠올리게 한다. 치히

에도 도쿄 건축박물관 입장에 앞서
1 아카데미 수상을 기념해 가오나시와 미야자키 하야오 감독이 찍었다는 사진
2 박물관 로고로 사용되는 이 귀여운 애벌레 그림도 미야자키 하야오 감독 작품

로는 앨리스처럼 이상한 세계로 의도치 않은 여행을 떠나게 되고 앨리스가 토끼와 모자장수를 만나듯이 하쿠를 만난다. 가오나시나 보우 같은 독특한 캐릭터가 등장하고 판타지와 현실을 넘나드는데 영상미 또한 압권이다.

2001년 일본에서 처음 개봉하고 10년도 더 훌쩍 지나버렸지만, 아직도 내 마음속 레전드 중 하나다. 좋은 작품들의 공통점은 상상할 거리가 많아서 다양한 이야기와 추측이 나올 수 있다는 점이다. 이 작품의 캐릭터가 무엇을 상징한다든지, 감독이 의도한 다른 뜻이 있었다든지 하는 소문이 많다. 영화를 보고 소문을 하나하나 찾아보는 것도 재미있다.

실제로 애니메이션과 관련한 한 인터뷰에서 미야자키 감독은 이 영화의 배경에 대해 '일본은 풍속산업 같은 세계가 되어버렸다'라며 사람들이 다양하게 생각해 볼 만한 이야기를 꺼내기도 했다고 한다. 여기서 풍속산업이란 매춘의 의미로 본다. 이 글을 읽던 당신, 이 이야기가 더 궁금하다면 검색을 하시길 바란다. 본인은 이곳의 이야기를 무척 건전하고 아름답게 마무리 지을 생각이니. 푸훗.

여행은 게임과 비슷한데 하면 할수록 실력이 는다. 일본어를 모르는데도 한자 문화권에서 살아왔고(레벨 1 추가), 자꾸 찾다 보니 어느 정도 감도 오고(레벨 2 추가), 마지막 단계인 길찾기까지 완벽하게 해내서 목적지에 도착하면 미션 클리어다.

에도 도쿄 건축박물관은 고가네이 공원 안에 있으므로 고가네이 공원 가는 길을 찾기 시작했다. 도쿄의 열차는 노선이 워낙 많고 운행하는 회사도 다르고 JR이라도 노선 이름이 붙어 있는 경우가 있어서 처음엔 많이 헷갈렸다. 고가네이 공원으로 가려면 JR 무사시고가네이 역에서 내려야 하는데 도쿄 도심에서 접근하는 방법은 신주쿠 역에서 JR 주오선을 타는 것이다. JR 주오선은 기치조지와 지브리 미술관과 가까운 미타카를 지나 무사시고가네이 역에 정차한다. 급행열차의 경우 무사시고가네이 역을 정차하지 않는 경우가 있는데 전광판을 잘 보고 무사시고가네이 역에 불이 들어온 열차를 타는 게 중요하다. 목적지에 도착할 때까지 긴장의 연속이다.

만약 나와 다르게 일본어가 가능하고(순식간에 초보 레벨 탈출) 도쿄 지리가 익숙하다면(상급 레벨) 신주쿠에서 세이부 버스로 하나고가네이 역에서 하차해 도착할 수 있다(그런데 이런 분이라면 이 글을 보지 않겠지?).

역에 도착했다고 끝난 게 아니다. 한 단계를 클리어 했을 뿐. 이제 다음 단계로 버스 타기가 남아 있다. 역에서 내려 북쪽 출구로 나가 길 건너 맞은편 정거장에서 세이부 버스를 타고 고가네이 공원 서쪽 출구 역에서 내리면 된다.

하.지.만. 내 방법보다 더 좋은 방법이 있었다. 우선 JR 무사시고가네이 역

고가네이 공원은 벚꽃 명소로도 유명하다

전역인 JR 히가시고가네이 역에서 하차한 뒤, 북쪽 출구에서 코코버스(coco버스-거리에 상관없이 100엔)를 타고 고가네이 공원 서쪽 출구 정류장에서 내리면 된다고 한다. 아셨죠/'?

에도 도쿄 건축박물관으로 가려면 고가네이 공원을 지나야 되는데 고가네이 공원을 천천히 걸으며 이곳과 사랑에 빠지지 않을 사람이 없을 거라는 생각이 들었다. 사계절 내내 언제라도 오고 싶어지는 공원이었다. 마침 벚꽃 시즌이라 주변엔 작은 포장마차들이 늘어서서 먹거리도 많고, 구경할 것도 많았다. 그런가 하면 전통공연을 하기도 해서 북적북적거렸다. 흥겨운 기분을 가득 안은 채로 에도 도쿄 건축박물관으로 향했다.

에도 도쿄 건축박물관은 규모가 컸다. 온종일 구경해도 될 만큼 알찬 구성이었다. '한두 시간이면 보겠지'했는데 아니었다. 정말 볼거리가 많았다. 서관과 동관으로 나누어져 있고 건물마다 원래 있던 자리, 건물의 역사, 살았던 사람들의 이야기 등이 잘 정리되어 전시된다. 물론 대부분이 일본어인 데다가 역사적인 맥락이 많이 포함되어 있어 접할 수 있는 정보는 한정적이었지만 그래도 즐거웠다. 서쪽은 비교적 근대 건물이었고, 동쪽은 쇼와 이전의 건물 그러니까 우리가 느끼기에 옛날 느낌이 나는 건물들이었다.

특히 아까 잔뜩 이야기를 풀어놓은 목욕탕 건물은 동쪽의 가장 안쪽에 있는데 그래서 이곳을 오신다면 일단 동쪽 먼저 보시라고 권하고 싶다. 동쪽에 들어서면 미야자키 감독과 가오나시가 인증샷을 찍은 노란색 전차가 등장하는데 이곳은 어린이들이 점령하고 있었다. 전차 바로 옆에는 추억의 불량식품이 생각나는 군것질 가게로 초등학교 때 사 먹었던 쫀드기, 알사탕 등이 가득했다. 방울방울 떠오르는 옛 추억을 떠올리며 건물을 하나씩 들어가봤다. 붓으로 글씨를 쓰던 옛 시절의 문방구에는 붓과 먹이 가득했고, 잡화를 파는 상점에는 나무 빨래판도 있었다.

'맞아, 옛날에 우리 할머니 집에도 이런 빨래판이 있었지'

드디어 이곳의 하이라이트 목욕탕 앞에 섰다. 도쿄의 대중목욕탕을 대표하는 건물로 신사나 절의 외관을 연상시키는 모양이다. 입구에는 남탕과 여탕으로 나누어져 들어가는 문이 있는데 어디로 들어가도 상관없다. 기왕이면 여자는 남탕으로, 남자는 여탕으로 들어가보자. 후훗.
목욕탕은 지금은 사용하지 않아도 너무 깨끗해서 반짝일 정도다. 다들 신발을 벗고 이리저리 휘젓고 다니며 구경을 한다. 귀여운 나무 바가지와 나무 의자가 있었지만, 옛날 것 같지 않아서 조금 아쉬웠다. 대중목욕탕은 우리와 비슷해서 대중탕과 개인탕 그리고 샤워시설 등이 있다. 남탕과 여탕 사이의 담이 낮아 잘하면 구경할 수 있겠다는 점 빼고는 거의 비슷했다.
일본은 온천을 비롯한 목욕 문화가 발달한 나라다. 고급 료칸이 아니더라도 동네 대중탕도 깔끔하고 만족할 만한 곳들이 많다. 일본어로 '센토'라고 부르는 대중목욕탕은 하나의 문화로 즐길 수 있는데 심지어 관련 서적들도 많다. 목욕탕을 좋아하는 사람이라면 센토 투어를 해도 좋을 만큼 가볼 만한 대중탕이 많은 것이다(한국 작가가 쓴 『450엔의 행복 도쿄 목욕탕 탐방기』라는 책도 있는데 궁금하신 분들은 꼭 찾아보시길 바란다).
일본의 대중탕에서 인상적이었던 것은 바로 벽화다. 보통 일본의 대중탕에는 후지산이 그려져 있다. 처음에 이 벽화를 이발소 그림 정도로 여겼던 나는 한 영상을 보고 놀랐는데, 목욕탕에 후지산을 그려내는 사람들을 장인이라고 부른다는 것이었다. 이 장인들은 목욕탕에 오는 손님들이 더욱 기분 좋게 목욕을 할 수 있도록 후지산을 그려내는 일을 한다고 했다. 이것 또한 '오모테나시

에도 도쿄 건축박물관 출발!

1 고가네이 공원을 지나야 만나는 박물관 입구
2 동쪽에서 시작, 서쪽으로 관람하는 것을 추천
3 어릴 때 할머니 집에 있었던 지금은 보기 힘든 나무로 만든 빨래판
4 전형적인 일본 전통 대중탕의 모습을 보여주는 목욕탕 건물
5 <센과 치히로의 행방불명>에서 센을 따라 가오나시가 전차를 탄다
　 이 전차를 배경으로 가오나시와 미야자키 하야오 감독이 기념사진을 촬영했다

(대접, 환대의 의미로 2013년 다키가와 크리스텔이라는 일본의 아나운서가 도쿄 올림픽 유치를 위해 진행한 프레젠테이션에서 말하면서 화제가 됨)'의 하나로 타인에게 정성을 다한다는 의미를 담고 있다고 표현하는 게 인상적이었다.

"대중탕에서 대접받는 기분이라…"

'450엔의 행복,
도쿄목욕탕 탐방기' 책을 보고

정감있는 옛날 대중목욕탕으로
가볼까요?

남탕도 보이고 여탕도 보여요~
女湯
←
男湯
→
남탕과 여탕 중간에 '반다이'라는
목욕탕 카운터가 있대요.

벽에는 페인트 그림 → 주로 '후지산'

남탕과 여탕이 매일 바뀌는
목욕탕도 있대요
女湯
←
男湯
→

목욕탕 다녀온 날은
잠이 쏟아져 …

렌터카 부럽지 않은
오키나와 버스 투어

오키나와 여행은 자고로 렌터카 여행이 진리다. 하지만 렌터카 여행을 할 수 없는 관광객을 위한 투어버스나 각종 투어 상품도 많이 있다. 버스 투어는 현지인 프로그램과 한국인을 대상으로 운영하는 프로그램 등 상품이 다양해서 고르는 재미도 있다. 내가 이용한 오키나와 버스에서 운영하는 프로그램은 일본인을 대상으로 했던 터라 일본어로 진행되고, 영어나 한국어 안내 서비스는 없었다.

오키나와에 처음 발을 디디며 떠올렸던 건 단연 '추라우미 수족관'이었다. 세계에서 두 번째로 큰 크기를 자랑한다는 이 수족관은 '흑조의 바다'라는 어마어마한 수족관이 있는데 이 풍경을 담은 사진 하나로 오키나와를 가고 싶게 만드는 힘이 있었다. 파랗게 빛이 나는 거대한 수족관에는 엄청난 크기를 자랑하는 고래상어가 유유히 헤엄쳐 다니고, 고래상어가 정면으로 지날 때를 맞춰 사진을 찍으려고 사람들은 초집중 모드다. 수족관 앞에 웅성웅성 서 있는 사람들은 수족관의 밝은 빛과 대비되어 새카만데 그 모습을 수족관과 함께 보는 것도 흥미롭다. 추라우미 수족관은 나하에서 자동차로 약 2시간 반 걸리는 곳에 있어 뚜벅이 여행자의 경우 고속버스를 이용해야만 갈 수 있다. 그래서 이 수족관을 비롯해 오키나와 본섬 북부의 유명 관광지를 둘러보는 버스 투어가 유용하다.

투어버스 프로그램은 다양하지만 일단 추라우미 수족관을 위해 모든 것을 포기, 북부 투어 코스를 선택했다. 미리 예약하면 여행자가 묵고 있는 호텔로 픽업을 하러 오기도 하는데 나는 나하 버스터미널에 있던 투어버스 사무실에 가서 당일 티켓을 구매하고 합류했다. 추라우미 수족관, 만좌모, 나키진 성터 그리고 나고 파인애플 파크를 둘러보는 일정이었다.

버스에는 20명 정도의 사람들이 타 있었고, 유니폼을 갖춰 입은 가이드 언니 가 타자 버스는 문을 닫고 출발했다. 많으면 40명 정도의 사람들이 함께 투어 를 이용하는데, 이날엔 비가 오고 바람이 세차게 불어 사람이 많지 않은 편이

버스 투어

1 오키나와 투어버스의 가이드 언니
2 비바람이 몰아치던 만좌모

었다. 간드러진 말투가 매력적인 가이드 언니는 간사이 출신이라고 소개했는데 오사카에서 온 할아버지와 손자가 바로 앞에 앉아 너무 신났다. 고향이 같다는 것은 흥이 나는 일인가 보다. 운이 좋게도 옆자리에 앉았던 한국분이 일본어를 잘하셔서 가끔 통역도 해주시고 재밌는 설명도 기억해두셨다가 알려주시곤 하셨다. 가이드 언니와 오사카 할아버지, 손자의 수다가 끝없이 이어지니 간사이 사람들이 흥이 많고 말도 많다는 이야기도 넌지시 해주셨다.

그러는 사이 밖은 비바람이 몰아치기 시작했다. 좌측으로 바다를 보면서 달려가는데 파도가 버스를 덮칠 듯이 세게 올라오고

있었다. 처음으로 들른 만좌모는 만 명이 앉을 수 있는 털이라는 뜻의 코끼리 모양의 특이한 지형이었다. 그런데 구경은커녕 제대로 서 있을 수조차 없었다. 급하게 만좌모 사진을 찍고 강한 바람에 떠밀려 다시 버스로 돌아왔다. 이대로 투어를 계속할 수 있으려나 걱정이 될 정도로 비바람이 몰아쳤다.

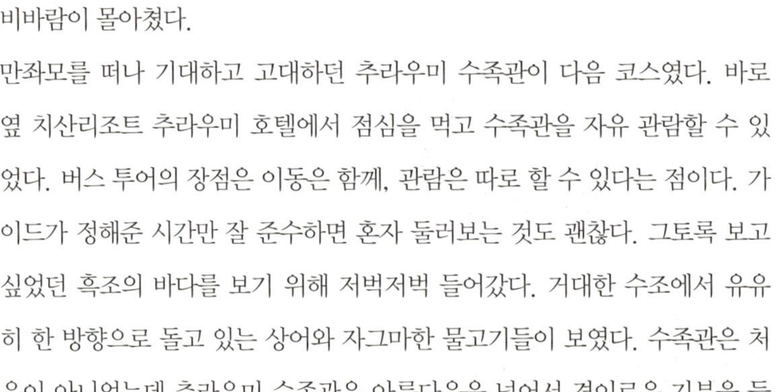

만좌모를 떠나 기대하고 고대하던 추라우미 수족관이 다음 코스였다. 바로 옆 치산리조트 추라우미 호텔에서 점심을 먹고 수족관을 자유 관람할 수 있었다. 버스 투어의 장점은 이동은 함께, 관람은 따로 할 수 있다는 점이다. 가이드가 정해준 시간만 잘 준수하면 혼자 둘러보는 것도 괜찮다. 그토록 보고 싶었던 흑조의 바다를 보기 위해 저벅저벅 들어갔다. 거대한 수조에서 유유히 한 방향으로 돌고 있는 상어와 자그마한 물고기들이 보였다. 수족관은 처음이 아니었는데 추라우미 수족관은 아름다움을 넘어서 경이로운 기분을 들게 하는 무엇인가가 느껴졌다.

다음 코스는 나카진 성터였다. 이곳에서는 어쩔 수 없이 비바람을 맞으며 투

추라우미 수족관과 파인애플 파크

1 한 편의 파노라마 영화 같은 추라우미 수족관
2 <도리를 찾아서>의 도리도 만날 수 있다
3 파인애플이 자라는 걸 처음 봤다. 이렇게 귀여울 수가!

어를 진행해야 했다. 일본어로 설명을 했기 때문에 알아들은 부분은 별로 없었는데, 미리 준비한 가이드북과 박물관 자료들을 들춰보면서 어떻게든 제대로 보자고 마음먹었다. 비바람에 이리저리 고생을 하다가 마지막으로 들른 곳은 파인애플 파크였다. 파인애플이 자라는 신비로운 모습을 바라보면서 배가 터지도록 파인애플을 먹었다. 생 파인애플을 비롯해 과자와 빵 등 각종 파인애플을 식품들이 넘쳐났다. 파인애플에 흠뻑 빠져 있다가 정신을 차리고 주위를 둘러보니 사람들은 이미 두 손 가득 파인애플 기념품을 들고 있었다. 그제야 '나도 뭘 좀 사볼까?'하고 이리저리 돌아다녔는데 그만 출구에 도착해 버렸다. 이런….

코난 열차를 타고 가는
<마루 밑 아리에티>의 세비엔

히로사키 역에서 구로이시 역까지 13개의 역에 정차하는 코난
선은 아오모리의 재래선이다. 괜히 <명탐정 코난>이 떠오르는 이 철도는 논
과 밭이 펼쳐진 시골길을 덜컹이며 가는 아날로그 매력이 있다. 코난 열차를
타게 된 건 순전히 세비엔 때문이었다. 히로사키에서 일곱 정거장 쓰가루오
노에 역에는 스튜디오 지브리 애니메이션 <마루 밑 아리에티>의 배경으로 알
려진 세비엔이 있다.

히로사키 역은 JR선과 코난 열차를 이용하는 곳이 달랐다. 에스컬레이터를
타고 역으로 올라갔다가 다시 1층으로 내려가 30분에 한 대씩 있다는 코난 열
차를 기다렸다. 그동안 스탬프 투어를 하고 있던 꼬마는 코난 열차의 히로사
키 역 스탬프를 찍느라 신나 있었다. 드디어 열차가 도착하고 기다리던 사람
들은 역무원이 있는 개찰구를 지나 열차를 탔다. 코난 열차는 히로사키 역에
서 마지막 구로이시 역까지 약 30여 분 정도면 간다. 종점과 종점이 30분이
라니 정말 미니미니한 철도다. 열차 여행의 로망이 있는 사람이라면 코난 열

쓰가루오노에 역의 모습

차를 추천하고 싶다.

〈마루 밑 아리에티〉의 아리에티는 10cm의 소녀로 오래된 집 마루 밑에 살고 있다. 사람들의 물건을 조금씩 나눠 쓰고 있는데 사람들에게 정체를 들키지 않게 무척 조심한다. 그런 아리에티에게 생쥐, 고양이, 벌레들은 엄청 크고 무서운 존재다. 밖으로 나갔다가 고양이라도 마주치게 된다면 줄행랑을 쳐야 한다. 다시 마루 밑 보금자리로 갈 때까지 세상은 위험한 것들 투성이다. 하지만 아리에티는 용감하다. 애니메이션 주인공들이 보통 그렇듯이.

이 애니메이션은 재미있기도 하지만 무엇보다 그림이 참 예쁘다. 오래된 저택 마루 밑의 아리에티와 부모님이 살고 있는 보금자리는 비밀의 정원이라도 되는 듯 초록빛 식물들과 알록달록한 꽃들로 장식되어 있다. 이 아름다운 풍경들을 감상하며 배경이 되었다는 세비엔에 꼭 가보고 싶었다.

해가 높이 떠버린 봄의 끝자락에 세비엔이 있는 쓰가루오노에 역에 내렸다. 역에서 바로 내려 철길을 지나 직진해야 하는데 반대편으로 돌아가 마을 구경을 실컷 했다. 목욕탕과 이발소 그리고 뭘 하는지 모르겠는 작은 가게들을 이리저리 둘러보다 해가 너무 뜨거워서 더 이상 헤맬 수 없겠다 싶었다. 다시 역으로 돌아와 지도를 펴고 구경하면서 세비엔이 어디 있나~ 찾았다.

"반대편으로 가야 하는구나"

방향만 잘 찾는다면 그다음부터는 적절한 곳마다 세비엔을 안내하는 안내판이 등장한다. 그 주변엔 사과나무가 줄줄이 서 있다. 코난 열차를 탔을 때 창밖으로 계속 사과밭이 보였는데 사람들이 살고 있는 주택가에도 작은 밭이 있다 싶으면 모두 사과나무였다. 이미 벚꽃이 져버린 5월, 키가 작은 사과나무들은 양팔을 벌리고 하얀 꽃들을 가득 쥐고 있었다. 이렇게 예쁘게 핀 꽃들이 지고 나면 열매를 맺고 그 열매들이 자라 사과가 된다. 사과가 주렁주렁 열린 모습도 보고 싶다. 어떤 풍경이 될까?

사과나무가 있는 주택가는 조용했고 태양은 무척 강렬했다. 5월의 태양이 이렇게 뜨거운데 여름은 어떨까 심히 두려워졌다. 사과나무를 배경으로 사진도 찍고 정신없이 주택가를 구경하고 다니다가 혹시나 길을 잃은 게 아닌가 불안해졌다. 지나가는 주민에게 이 길이 맞냐고 여러 번 물었는데, 영어를 못 알아들은 주민은 '세비엔'이라는 단어만 듣고 방향을 알려주었다. 이 길이 맞나 의심스러웠는데, 그 뒤로 신기한 건물의 지붕들을 지나 약 10여 분을 걸으니 세비엔에 도착했다.

1902년부터 9년간 지어진 세비엔은 일본 메이지 시대의 아름다운 정원 Best 3에 꼽히기도 했다. 연못을 중앙에 두고 빙~ 둘러 작은 동산을 만들어 둔 회유식 정원이다. 세비엔 안에 있는 2층 건물을 세비칸이라고 하는데 세비칸에

세비칸의 정원, 세비엔을 찾아서

1 쓰가루오노에 역에서 철길을 가로질러 올라간다
2 연못과 작은 언덕이 있는 세비엔
3 세비엔에서 보는 세비칸 건물의 모습
4 세비엔으로 가는 길에도 사과나무 천지다

서는 세비엔 정원을, 세비엔 정원에서는 세비칸을 감상할 수 있다. 세비칸의
1층은 다다미가 깔린 일본식, 2층은 서양식인데 2층은 일반인들에게 공개하
지 않고 있었다. 1층을 돌아보고선 다다미방에서 정원을 마치 액자에 담아둔
것처럼 감상할 수 있다.

솔직히 고백하자면 일본의 다양한 정원을 구경한 사람에겐 이 세비엔이 좀
시시할 것 같다. 엄청 화려하거나 대단히 의미 있는 볼거리가 있는 곳이 아
니기 때문이다. 그 대신 이곳으로 오던 길에 탔던 코난 열차와 천천히 걸었
던 시골길, 정겨운 마을의 목욕탕과 이발소와 작은 가게들, 사과나무와 에메
랄드빛 지붕을 가진 건물들을 구경하며 남의 동네를 잔뜩 탐험할 수 있던 것
이 오히려 더 좋았다.

이곳을 둘러보면서 내 맘속에선 스튜디오 지브리의 아티스트들을 향한 존경
심이 폭발했다. 〈마루 밑 아리에티〉의 배경인 세비엔은 스튜디오 지브리의
사원 여행으로 들렀던 곳이라는데 나는 전혀 영감을 받지 못했기 때문이다.
같은 곳을 보았는데 이렇게 다르다니 어렴풋이 자괴감까지 몰려왔다. 하지만
곧 좋았던 순간을 떠올리며 마음을 다잡았다.

"영감은 받지 못했어도, 아름다웠던 풍경은 영원히 기억에 남을 거야"

세비엔 찾아가기

역에서 나오자마자 철길을 건너 왼쪽 길로 들어섭니다.
세비엔 안내표지를 찾았다면 잘 가고 있는 거예요!

길을 따라 걷다보면 오른쪽에 파출소가 보여요.

말은 쉽지만 길찾기는 사실 어려워요.

다시 걷다보면 왼쪽에 지붕이 독특한 공립도서관 건물이 보여요~

도서관을 지나 오른쪽으로 돌면 건너편에 세비엔을 찾을 수 있어요.

길찾기 ★☆☆ | 볼거리 ★★★ | 분위기 ★★★

조선통신사를 따라
도모노우라로

이리저리 인터넷의 세계에서 일도 하고 무료한 시간을 보내기도 했던 어느 날, 흥미로운 사실을 발견했다. 일본에서 해마다 조선통신사행사가 진행되는 곳이 꽤 있다는 것이었다. 대표적인 곳이 히로시마현 구레시 시모카마가리초라는 곳이었고 시즈오카시, 시모노세키시도 매년 행사를 진행하고 있었다. 한국에서도 부산문화재단에서 '조선통신사문화사업'을 진행하고 있었는데 이 재단과 연계된 일본 현지 행사로는 시즈오카 슨푸 천하축제, 쓰시마 이즈하라항 축제, 시모노세키 바칸 축제 등이 있었다.

"오호~ 흥미롭구만~"

국사책에서 보았던 내용 그 이상도 이하도 몰랐던(사실 도모노우라 여행을 계획하기 전까지는 도요토미 히데요시와 도쿠가와 이에야스 이름도 자꾸 헷갈렸다. 일본 이름은 왜 이렇게 길고 비슷할까? 일본 사람들도 한국인의 이름을 보면 어렵다고 생각할까?) **무심한**

노을이 지는 도모노우라

1인은 일단 몇 권의 책을 사서 읽어보았다. 『조선통신사 옛길을 따라서』는 조선통신사가 걸어간 길을 3권으로 나누어 지역별로 취재와 고증을 함께 담은 책이었다. 각 파트마다 저자가 다르다는 것도 특징인데 그래서 챕터마다 어떤 부분은 꽤 재미있고 어떤 부분은 지루했다. 책에는 부산을 출발한 조선통신사가 쓰시마 섬에서 에도, 닛코에 들른 여정이 순서대로 담겨 있다. 하지만 『조선통신사 옛길을 따라서』를 다 읽어도 여전히 역사적 이해가 부족해서 조금 더 쉬운 만화책도 골라봤다. 『조선통신사, 살아 있는 일본 이야기』다.

여러 책을 읽으면서 가장 컸던 즐거움은 조선통신사 루트 중 어딜 가볼까 하고 고민했던 것이었다. 내 오랜 취미 중 하나는 여행 계획 세우기인데 하다 보면 시간도 엄청 빨리 가고 너무너무너무 즐겁다. 누군가 또 이런 취미를 가진 분이 있다면 함께하고 싶을 정도다. 우선순위에 들었던 몇몇 곳이 있었지만 가장 가보고 싶었던 곳은 바로 도모노우라(鞆の浦)였다.

도모노우라는 히로시마현의 작은 도시로 이곳을 개발해야 한다 아니다를 두고 의견이 분분한 옛 느낌을 간직한 항구 마을이다. 그도 그럴 것이 이곳에 찾아가는 길은 제법 멀고 험난했다. 우선 한국 여행자가 이곳을 가려면 가장 가까운 히로시마 공항이나 간사이 공항 등으로 입국해 히로시마현의 후쿠야 마까지 와야 한다. 후쿠야마에서는 역이나 도심에서 버스를 타야 도모노우라 까지 도착할 수 있다.

그런데 잘 생각해보면 조선통신사의 경우에는 부산에서 뱃길로 쓰시마로 이동한 뒤 시모노세키를 지나 히로시마현, 오카야마현을 거쳐 도쿄로 배를 타고 올라간다. 8월 중순 여름에 출발하면 일정은 12월 말인 겨울에나 끝난다. 큰 바닷길에서 좁은 바닷길을 만나기 때문에 그 전에 작은 배로 갈아타야 하고 간사이 지역에서는 육로로 이동한다. 전체 인원이 300~500명이나 되었다고 하니 함께 움직이려면 얼마나 고단했을지 상상도 안 된다(조선통신사를 맞이하기 위해 일본 각 지역의 경제부담도 상당했다고 한다). 10명이 넘는 패키지여행을

매력 있는 도모노우라 골목길

상상만 해도 두드러기가 날 것 같은 나로서는 이 모든 과정은 엄청난 스트레스다.

그러니 인천 공항에서 비행기로 1시간 20분 만에 히로시마 공항에 도착해 후쿠야마에 오고, 후쿠야마에서 또 비교적 편하게 버스를 타고 도모노우라로 온 것은 감사할 일이었다. 게다가 이 여행에는 나의 친한 친구가 함께 해주었다. 처음 가는 곳이라 조금 긴장했는데 혼자가 아니라는 생각과 그녀를 위험에 처하지 않게 하겠다는 왠지 모를 책임감으로 열심히 직진했다.

아 참, 도모노우라까지 가는 길에 너무 흥분한 나머지 왜 도모노우라였는지를 빼먹었다. 그 이유는 두 가지인데 하나는 히로시마 지역 여행을 해보고 싶었다. 우리에겐 비교적 덜 알려진 여행지 히로시마는 서양 젊은이들에게는 이미 유명한 관광지라는 소문을 계속 들어왔다. 그리고 다른 하나는 조선통신사 종사관이었던 이방언이 일동제일형승(日東第一形勝) 즉, '일본 최고의 경치'라며 도모노우라를 칭찬했기 때문이다. 도모노우라의 조선통신사 영반관으로 쓰였던 후쿠젠지에는 '일동제일형승'이라고 쓰인 글이 지금도 남아 있다. 그리고 제10회 조선통신사의 정사였던 홍계희는 후쿠젠지에 머무르며 '대조루(對潮樓)'라는 글을 써주기도 했단다. 대체 얼마나 아름답길래 일본에서 가장 아름답다고 했을까 하고 호기심이 발동했다.

후쿠야마에서 버스를 타고 도모노우라로 가다 보면 어느 순간부터 왼쪽 창으로 바다가 보이기 시작한다. 그때부터 도모노우라에 다 왔다고 생각하면 된다. 버스에서 내리자마자 버스 정류장에는 기념품 가게이자 관광안내소인 수수한 장소가 있는데 이곳에서 지도를 받아들고 궁금한 것을 물어본 뒤 출발하는 것이 좋다. 일단 들어오면 보이는 것이(특히 나처럼 어린이 취향이 강렬한 이들에게는 피할 수 없는 비주얼이다) 바로 포뇨다. 이곳엔 포뇨 인형과 각종 기념품이 잔뜩 쌓여 있다.

도모노우라 하이라이트

1 기념품 가게 겸 관광안내소
2 포뇨를 따라 여행하는 포뇨 코스가 있다
3 조선통신사도 다녀갔다는 후쿠젠지의 모습
4 도모노우라를 한눈에 내려다볼 수 있는 이오지에서

〈벼랑 위의 포뇨〉는 미야자키 하야오의 명작 중 하나로 스튜디오 지브리의 애니메이션이다. 바다를 배경으로 신비로운 물고기 소녀 포뇨와 바닷가에 사는 소년 소스케의 이야기다. 지브리 애니메이션 중에서 크고 넓은 바다의 웅장한 모습을 잔뜩 볼 수 있는 작품이기도 하다. 바로 그 포뇨의 배경이 도모노우라다. 이렇게 반가울 수가! 안에는 포뇨를 따라가는 루트를 손으로 쓱쓱 그린 지도도 있었다. 인형을 비롯해서 이것저것 팔았는데 유혹을 참아내느라고 혼났다(나에게 박수를!).

포뇨 말고도 도모노우라에서 촬영한 영화나 드라마가 많아서 작품 포스터와 배우들의 파파라치 사진들도 여기저기 붙어 있다. 〈울버린〉 촬영을 했다는 휴 잭맨의 사진도 많아서 일본에서 할리우드 스타를 보는 재미도 있었다.

본격적으로 도모노우라 탐험에 나서기 위해 가게를 빠져나왔다. 거기서 조금 걸었더니 후쿠젠지다. 원래 해안 절벽 위에 있었던 후쿠젠지는 지금은 도로변에 자리하고 있으며 내부는 200엔을 내고 관람할 수 있다. 이곳에서는 조금 떨어진 섬 센스이지마도 보이는데 그 풍경이 과연 그림인 데다 번쩍번쩍한 해적선 모양의 배가 센스이지마를 연결하고 있어서 흥미로웠다.

도모노우라는 누군가 나만의 여행지를 찾고 싶다고 하면 꼭 추천하고픈 곳이다. 작은 골목길이 이곳저곳 이어져 있고 길목마다 재미있는 풍경이 많아서 사진 찍는 즐거움이 있다. 항구 쪽으로 나오면 400년이나 이곳을 지키고 있었다는 계단식 선착장(간기, 雁木)과 상야등(조야토, 常夜灯)도 있는데 조선통신사 일행이 이곳을 밟았을 때도 있었을까 싶어 기분이 묘해진다.

후쿠젠지를 나와 아름다운 도모노우라 전경을 한 번에 볼 수 있다는 두 군데

314

의 장소를 찾았다. 하나는 후쿠야마시 도모노우라 역사민속자료관, 또 하나는 이오지라는 절이었다. 관광안내소에서 받은 지도를 펼쳐 들고 이쯤인가 하면서 걸었더니 높은 언덕에 후쿠야마시 도모노우라 역사민속자료관이 나왔다. 제법 높은 곳에 있었지만 생각보다 전경은 잘 보이지 않았다(낭패). 그래서 바로 이오지를 찾아갔는데 이곳은 오르는 길이 꽤 힘들었다. 진달래와 소나무가 있는 아름다운 풍경을 전한다는 이 길에는 583이라고 새겨진 길고 긴 계단이 있어서 절대 끝날 것 같지 않았다. 숨을 헉헉거리며 계단을 오르면서 친구에게 다시 내려갈까 하고 거의 울다시피 물었다. 그럴 때마다 그녀는 조용히 동네 편의점에서 산 고구마 맛 과자를 내밀었다(과자로 조련하다니 거부할 수 없다). 어찌어찌 도모노우라가 한눈에 보이는 이오지에 도착했다. 힘들어서였는지 아니면 정말 멋있었는지 흥분해서 감탄사가 끊이질 않았다.

'좋다. 좋다. 포기하지 않고 오길 잘했어!'

도모노우라 하이라이트

도모노우라에는 약재를 넣은 술 '호메이슈'가 유명하대요.
(달달하니 한약 냄새 나고, 맛있었어요~)
保命酒

스튜디오 지브리 〈벼랑위의 포뇨〉의 배경으로 포뇨를 따라가는 코스가 있어요.
(인포메이션 센터에서 찾아보세요)

조선통신사의 극찬을 받았던 후쿠젠지에서 만나는 풍경

도모노우라의 상징같은 조야토 (상야등)도 기억에 남아요

가는 길은 좀 멀지만 가볼만한 곳이었어요~
히로시마
↓
후쿠야마
↓
도모노우라

어질어질
도쿄 교통패스

1. JR 도쿠나이패스로 야마노테선 일주하다 머리털 뽑은 사연

도쿄는 교통비가 만만치 않아서 여행 가면 동선이 항상 고민이다. 주로 나 홀로 도쿄 여행을 하던 나, 이번엔 혼자가 아니었는데 스케줄을 함께 고민하다 보니 아무래도 교통이 문제였다. 도쿄 명소 어디나 열차로 접근할 수 있다는 것은 큰 장점이지만, 다양한 열차를 운영하는 회사들이 각각 다르다 보니 무턱대고 열차를 이용하다 보면 교통비가 어마어마해질 수 있다는 단점이 있다. 일본어를 잘한다면 버스를 이용해도 되는데, 나 같은 일본어 까막눈 외국인 여행자에게는 도쿄에서 버스 타기가 상당히 어렵다.

스케줄을 의논하고 코스에 따라 가까운 역들을 둘러보니 거의 JR 야마노테선을 이용할 수 있는 곳들이었다. 시부야 역의 인포메이션에서 우리가 살 만한 1일 권을 문의하니 도쿠나이패스를 추천해주었다. 도쿠나이패스는 도쿄 시내 패스라고 불리는 JR에서 판매하는 1일 무제한 승차권이다. 도쿄의 JR 라인을 이용할 수 있는데, 여기엔 야마노테선이 포함된다. 도쿄를 여행하는 여행자라면 한 번쯤 타게 되는 야마노테선은 서울 지하철 2호선처럼 순환하는 열차다. 특정 역에서 탑승해 한 바퀴를 돌아 다시 역으로 돌아오는데 약 1시간 정도 걸린다. 도쿄 역을 비롯해 신바시, 시나가와, 신주쿠, 시부야, 우에노 등 주요 명소를 돌기 때문에 도쿄 여행 초보자라면 누구나 야마노테선에 의지하게 된다. 야마노테선은 지상으로 다녀 차창 밖의 도쿄 풍경을 볼 수도 있고, 비교적 역 찾기가 쉬운 것도 장점이다.

사람들이 우글거리는 시부야 역 인포메이션 앞에서 방황하던 우리는 충동적으로 도쿠나이패스 1일 권을 구매해버렸다. 하지만 도쿠나이패스는 무려 750엔. 우리 돈으로 8,000원에 육박했다. 웬만한 거리는 걷고 JR 라인이 아닌 도쿄 메트로를 야무지게 이용하면 교통비를 줄일 수 있으므로 사실 도쿄에서는 1일 권이 인기 있는 편이 아니다. 게다가 도쿠나이패스는 구입하면 손해인 경우가 더 많다. 예를 들어 하루에 두세 군데를 관광한다고 했을 때 야마노테선을 이용한다고 해도 가장 멀리 가는 경우에 250엔 수준, 가장 비싼 곳을 세

군데 가도 750엔 안쪽으로 교통비를 줄일 수 있다. 그러니 패스를 사더라도 3번 이상, 그것도 가장 멀리 250엔은 드는 곳을 가야 이득인 셈이다.

이날은 시부야에서 시작해 다시 시부야로 돌아오는 코스로 다카노바바—신바시—도쿄—시부야순으로 이동하는 정확히 JR 야마노테선 일주를 하는 코스였고, 나름 우리의 이동을 교통비로 계산해보니 이렇게 정리할 수 있었다.

시부야-다카다노바바 170엔

다카다노바바-아키하바라 200엔

아키하바라-신바시 160엔

신바시-도쿄 140엔

도쿄-시부야 200엔

총 870엔

도쿠나이패스가 750엔이니까 이 경우에는
비교적 선방한 편. 꼭 가야 할 곳을 정해두고 이동하는
날이라 도쿠나이패스를 사봤지만, 동선을 짜고 스케줄을
정리하고 각 코스마다 교통비를 계산하다 보니 머리가 지끈지끈.
도쿄에서 열차패스를 고민하다 머리털을 한 움큼 뽑을 뻔했다.

2. 도쿄메트로패스 사용기

도쿄 여행이 처음이 아니라면 기대고 있던 야마노테선에서 독립할 수 있다. JR을 제외한 도쿄 메트로는 도쿄 전역을 거미줄처럼 연결하고 있고, 여행을 자주 가는 분들은 스이카 카드(우리의 교통카드처럼 충전해서 사용)를 사용하기도 한다. 일본 교통비는 실로 사악하고, 열차와 지하철도 너무 많고 복잡하기 짝

이 없어서 스이카 한 장으로 이리저리 패스하는 것이 편하고 마음이 놓이기도 한다고. 하지만 나의 경우 또 그렇게 여행을 자주 다니는 편이 아닌 데다 여행하면서 하루 꼬박 혼자만의 정산시간을 갖기 때문에 티켓 가격을 하나씩 체크하는 즐거움을 포기할 수가 없다. 일종의 취미생활이랄까. 하여간 이리 생각해도 저리 생각해도 도쿄 교통비는 참 버겁다.

어쩔 수 없이 패스를 사볼까 해서 이리저리 찾아봤지만 역시 맘에 드는 패스는 하나도 없었다. 혼자 떠난 이번 여행 코스는 JR 야마노테선이 벗어나는 구간이 많아서 도쿄메트로패스를 사보기로 했다.

도쿄 하네다 공항, 나리타 공항에서 판매하는 도쿄메트로패스는 외국인 전용으로, 일본 내에 거주하고 있는 외국인들을 제외한 여행자에게 판매하고 있다. 여권을 함께 제시해야 구매할 수 있고, 공항에서 구입하지 못했다면 시내의 빅카메라에서 구매할 수 있다. 단, 모든 빅카메라가 아니라 몇 군데 정해져 있었다. 다행히 숙소가 있던 이케부쿠로의 빅카메라에서 도쿄메트로패스를 팔고 있었다. 오픈 시간 11시에 맞춰 종합카운터에서 도쿄메트로패스를 구입했다. 이 패스는 유효 시간에 따라 가격이 달라졌다.

Tokyo Subway 24시간 Ticket: 어른 800엔, 어린이 400엔

Tokyo Subway 48시간 Ticket: 어른 1,200엔, 어린이 600엔

Tokyo Subway 72시간 Ticket: 어른 1,500엔, 어린이 750엔

유효 시간이란 패스 사용을 시작한 시각으로부터 24, 48, 72시간이다. JR선을 제외한 도쿄의 지하철을 모두 이용할 수 있다. 카드를 슉~슉~ 넣는 곳에 넣으면 자동으로 시작 시각이 찍히고 유효 시간이 지나면 사용할 수 없다. 야마노테선으로 갈 수 없는 롯폰기, 구단시타, 시바코엔, 가쿠라자카, 긴자, 네즈 등을 골고루 돌아다니며 패스를 이용할 수 있다. 패스를 사기 전에는 머

리가 지끈지끈하지만 일단 사고 나면 패스가 있다는 생각에 든든한 마음으로
길을 잃어도 크게 걱정이 되지 않는다.

묻기만 하면 길을 잃어도 언제든 다시 길을 떠날 수 있다.

짐 꾸리기

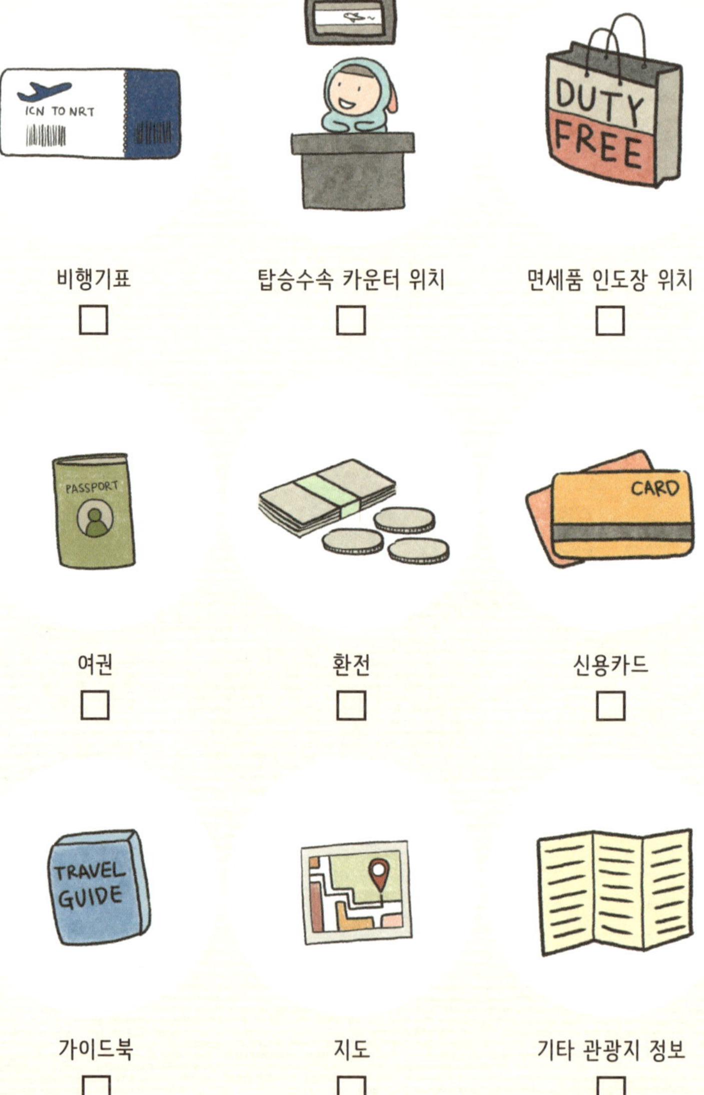

비행기표 ☐	탑승수속 카운터 위치 ☐	면세품 인도장 위치 ☐
여권 ☐	환전 ☐	신용카드 ☐
가이드북 ☐	지도 ☐	기타 관광지 정보 ☐

캐리어/ 큰 가방
손가방/ 작은 가방
파우치
카메라
110V/ 돼지코
각종 충전기
포켓 와이파이/ 유심/ 로밍
수건
비상약

꼭 먹고 싶은 것

돈가스

함바그

컵라면

멜론빵

롤케이크

푸딩

파르페

소프트 아이스크림

라무네

꼭 사고 싶은 것

반스타킹

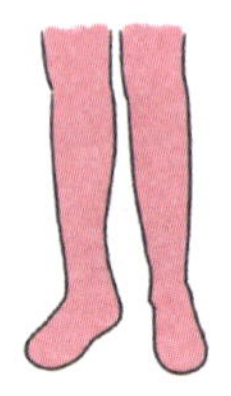

컬러 스타킹

발가락 양말

장갑

각종 잡지

우체국 우표/ 카드

가챠(장난감 뽑기)

캐릭터 상품

수저받침

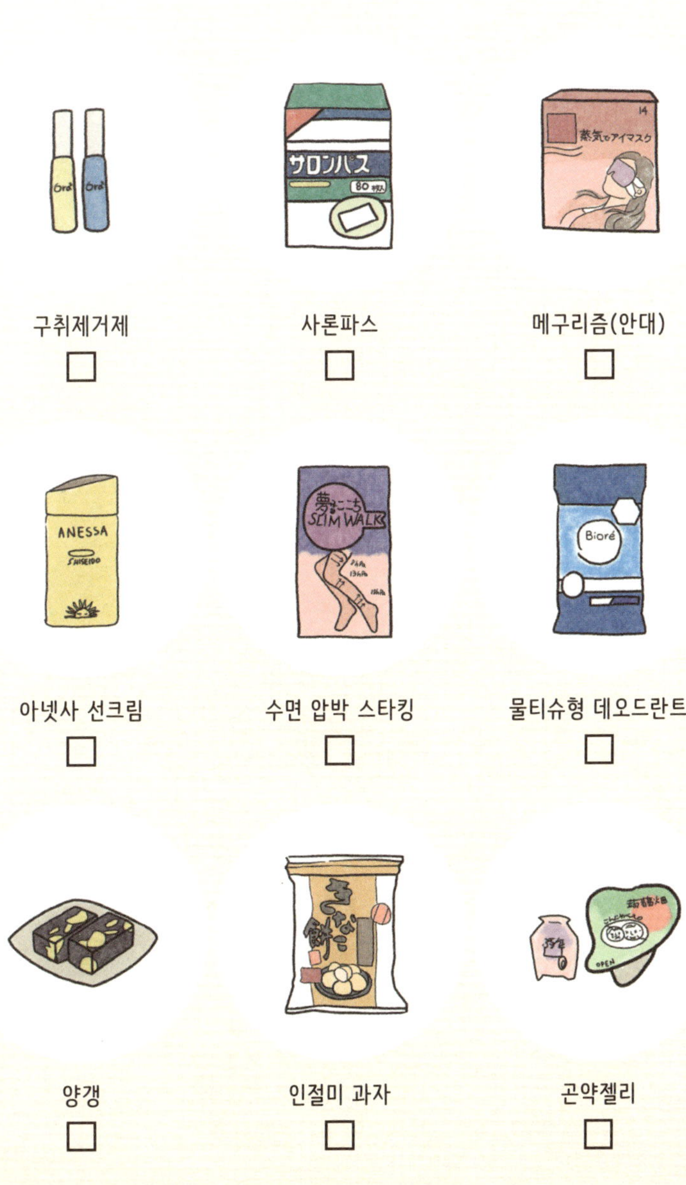

구취제거제	사론파스	메구리즘(안대)
☐	☐	☐

아넷사 선크림	수면 압박 스타킹	물티슈형 데오드란트
☐	☐	☐

양갱	인절미 과자	곤약젤리
☐	☐	☐

하이~
안녕하세요.
어쩌다보니 쏠트와 사는 쿠마짱이에요.
편집자님께 인터뷰를 부탁받고
부랴부랴 나왔쿠마~

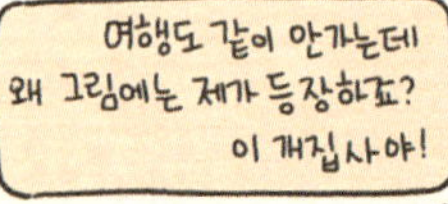
여행도 같이 안가는데
왜 그림에는 제가 등장하죠?
이 개집사야!

투닥
투닥
너님 뚱뚱해서 화물칸 타야해요.
(안가는게 정신건강에 좋아~)
그림은 혼자 나오면 심심하잖나~

첫 일본여행은
언제, 어디, 무엇을, 어떻게…
좀 털어놔보쿠마~
진지모드 ON
(feat. 편집자님이 보고계셔)

첫 일본여행은 2009년 겨울, 도쿄.
저는 대학 졸업 후까지 일본엔 관심이 없었어요.
디자인과를 전공했는데, 영향을 받고싶지 않아서
일본 디자인은 안보려고 노력하기도 했어요. (웃음)
근데 우연히 갔던 도쿄여행이 꽤 좋았어요.
책에는 소개하지 못했지만,
'히로오'라는 동네가 좋았어요.

흐럴~
여행 혼자 가던데
친구 없나봐요~
무섭지 안쿠마?

친구 많은 편은 아닌데
너무 정곡을 찌르신다~
스케줄 정하고 그러다보면
사정상 혼자 갈 때가 많아요.
3번에 2번은 혼자 가는 듯 하네요.
물론 혼자 가면 무서워요.
그래서 많이 조심하려고해요.

일본은 왜 이렇게 자주 가요?

제 주변에 여행 좋아하는 분 많은데
자주 가시는 분에 비하면야 뭐... 아무것도 아니에요.
전에 다니던 광고회사에서 몇 차례 일본정부관광국
프로젝트에 참여했거든요. 일하면서 자꾸 찾아보고
구경하다보니 궁금해서 직접 가보곤 했어요.

저는 일본어 전공자도 아니고,
일본에 대해 잘 모르지만
인내심(?)을 갖고 검색하고
시각정보에 집중하는 편이에요.

나두고?
또?
또?
또 갈 예정이구마?
네~
제조업체들의 축제라는
니가타현 공장 축제,
사가현 열기구 축제,
그리고 도야마 알펜루트에
다녀올 예정이에요.
예약은 끝냈고 자료 찾고 있어요.

흥!
워~워~
일본가서 살고 싶은거?
노노~
저는 여행지로 일본이 좋을 뿐
살고 싶은 생각은 없어요.
그리고 집에 개가 있어서요.
개님이랑 부모님이랑 살아야죠.

냠쭙~
더 하고 싶은 말은?
일본 여행의 재미는
소소한 즐거움인거 같아요.
작지만 예쁜길,
소박하지만 귀여운 동네.
이런 수수한 일본의 매력을
추천하고팠어요.

일본 여행을 부추기는 것들

여행을 부추기는 스튜디오 지브리 애니메이션

스튜디오 지브리의 애니메이션 〈이웃집 토토로〉를 처음 봤을 때 충격을 잊지 못합니다. 어린 마음에 '세상에 이런 감성도 있구나~'하며 놀랐거든요. 감독 미야자키 하야오는 일본의 작은 시골 마을로 주인공 자매 '사스키'와 '메이'를 데리고 갑니다. 그곳에서 숲속의 정령 토토로를 만나죠. 거대하고 푹신한 토토로는 두 주인공과 함께 하늘을 날기도 하고, 높은 나무에 올라가기도 합니다. 이런 장면들은 어린 시절의 순수함과 유년의 낭만을 떠올리게 했고, 이때 배경으로 펼쳐진 소박한 풍경을 잊을 수가 없었어요.

이후 스튜디오 지브리의 애니메이션을 챙겨보며 배경지로 알려진 곳들을 찾기도 했어요. 이 책에 나온 곳을 모아보면 이렇습니다. 아오모리의 세비엔 〈마루 밑 아리에티〉, 아오모리의 시라카미 산지 〈원령공주〉, 히로시마의 도모노우라 〈벼랑 위의 포뇨〉, 도쿄 에도 건축박물관 〈센과 치히로의 행방불명〉 등이에요.

잔잔하고 따뜻한 감성의 작품들

일본 특유의 잔잔하지만 마음을 따뜻하게 해주는 작품을 만나면 그 분위기가 나는 장소에 여행을 가고 싶어집니다. 애니메이션 〈백곰 카페〉를 보고 도쿄 다카다노바

바의 백곰 카페를 찾아갔었고, 영화 〈구구는 고양이다〉를 보고 도쿄 기치조지에서 현지인처럼 3박 4일을 보내보기도 했어요. 책 『도쿄 목욕탕 탐방기』에는 스무 개가 넘는 도쿄의 대중탕 기행이 담겨 있는데 읽는 내내 수수하고 소박한 목욕탕을 떠올리며 기분이 좋아졌습니다. 다음 도쿄 여행엔 꼭 대중탕에 들러야겠다는 결심을 하기도 했죠.

홋카이도를 배경으로 한 작품들

홋카이도를 배경으로 한 책, 영화, 드라마 등 작품도 정말 많아요. 저는 영화 〈해피해피 브레드〉, 〈해피해피 와이너리〉나 드라마 〈자상한 시간〉 등으로 홋카이도를 처음 만나고 여행을 했어요. 홋카이도의 대자연에서 잔잔하게 펼쳐지는 일상을 느끼기에 좋은 작품들이었어요.

어디론가 가고 싶은데 당장 떠나지 못할 때 애니메이션이나 영화 등의 작품으로 여행을 떠나곤 합니다. 허전한 마음에 위로를 주기도 하고 지루한 일상에 소소한 즐거움과 깨알 재미를 주었던 모든 작품에 감사하는 마음이에요. 이 책도 누군가에게 그런 작은 즐거움을 줄 수 있었으면 좋겠습니다.

찾아보기 (2016년 10월 기준)

어쩐지 두근거려요

© 2016 쏠트

초판 1쇄	2016년 11월 7일
지은이	쏠트
발행인	유철상
기획	이유나
책임편집	이유나
디자인	주인지
마케팅	조종삼, 조윤선, 장다솜
인쇄	다라니

펴낸곳	상상출판
출판등록	2009년 9월 22일 (제305-2010-02호)
주소	서울시 동대문구 정릉천동로 58, 103동 206호 (용두동, 롯데캐슬 피렌체)
전화	02-963-9891, 070-8886-9892
팩스	02-963-9892
전자우편	cs@esangsang.co.kr
홈페이지	www.esangsang.co.kr
블로그	blog.naver.com/sangsang_pub

ISBN 979-11-86517-95-6(13980)

※ 가격은 뒤표지에 있습니다.

※ 이 책은 상상출판이 저작권자와의 계약에 따라 발행한 것이므로
  본사의 서면 허락 없이는 어떠한 형태나 수단으로도 이용하지 못합니다.

※ 잘못된 책은 구입하신 곳에서 바꿔 드립니다.

※ 이 도서의 국립중앙도서관 출판예정도서목록(CIP)은 서지정보유통지원시스템 홈페이지(http://seoji.nl.go.kr)와
  국가자료공동목록시스템(http://www.nl.go.kr/kolisnet)에서 이용하실 수 있습니다. (CIP제어번호 : CIP2016024177)